新型职业农民培育系列教材

畜禽规模化养殖
与疫病防治新技术

于艳利 康 凤 冯晓友 主编

中国农业科学技术出版社

图书在版编目（CIP）数据

畜禽规模化养殖与疫病防治新技术 / 于艳利，康凤，冯晓友主编.
—北京：中国农业科学技术出版社，2018.5
ISBN 978-7-5116-3609-6

Ⅰ.①畜…　Ⅱ.①于…②康…③冯…　Ⅲ.①畜禽-饲养管理
②畜禽-动物疾病-防治　Ⅳ.①S815②S851.3

中国版本图书馆 CIP 数据核字（2018）第 083556 号

责任编辑	崔改泵　金　迪	
责任校对	贾海霞	
出 版 者	中国农业科学技术出版社	
	北京市中关村南大街 12 号　邮编：100081	
电　　话	（010）82109194（编辑室）　　（010）82109702（发行部）	
	（010）82109709（读者服务部）	
传　　真	（010）82106650	
网　　址	http://www.castp.cn	
经 销 者	各地新华书店	
印 刷 者	北京富泰印刷有限责任公司	
开　　本	880mm×1 230mm　1/32	
印　　张	6.25	
字　　数	167 千字	
版　　次	2018 年 5 月第 1 版　2018 年 5 月第 1 次印刷	
定　　价	32.00 元	

《畜禽规模化养殖与疫病防治新技术》

编 委 会

前　言

　　发展畜禽规模化养殖，是加快生产方式转变，建设现代畜牧业的重要内容。近几年，在中央生猪、奶牛标准化规模养殖等扶持政策的推动下，各地标准化规模养殖加快发展，生猪和蛋鸡规模化比重分别达 60% 和 76.9%，已成为畜产品市场有效供给的重要来源。

　　加快推进畜禽标准化规模养殖，有利于增强畜牧业综合生产能力，保障畜产品供给安全；有利于提高生产效率和生产水平，增加农民收入；有利于从源头对产品质量安全进行控制，提升畜产品质量安全水平；有利于提升疫病防控能力，降低疫病风险，确保人畜安全；有利于加快牧区生产方式转变，维护国家生态安全；有利于畜禽粪污的集中有效处理和资源化利用，实现畜牧业与环境的协调发展。

　　本教材如有疏漏之处，敬请广大读者批评指正。

编　者

目　录

目　录

第一章 猪的规模化养殖技术

第一节 仔猪的饲养管理

一、哺乳仔猪的饲养管理

哺乳仔猪指从出生到断奶的仔猪。哺乳仔猪由于生长发育快和生理不成熟而难以饲养，如果饲养管理不当，容易造成仔猪患病多、增重慢、哺育率低。因此，根据哺乳仔猪的生长与生理特点，制订科学的饲养管理方案，是哺乳仔猪培育成功与否的关键。

（一）生理特点

（1）生长发育快，物质代谢旺盛。仔猪出生时体重小，不到成年体重的 1%，低于其他家畜（羊为 3.6%，牛 6%，马 9%~10%）。哺乳阶段是仔猪生长强度最大的时期，10 日龄体重是初生重的 2~3 倍，30 日龄达 6 倍以上，60 日龄可达 10~13 倍，60 日龄后随年龄的增长逐渐减弱。哺乳仔猪利用养分的能力强，饲料营养不全会严重影响仔猪的生长。因此，必须保证仔猪所需的各种营养物质。哺乳仔猪快速生长是以旺盛的物质代谢为基础，单位增重所需养分高，能量、矿物质代谢均高于成年猪。哺乳仔猪除哺乳外，应及早训练其开食，用高质量的乳猪料补饲。

（2）消化器官不发达，消化机能不完善。仔猪出生时胃内缺乏游离盐酸，胃蛋白酶无活性，不能很好地消化蛋白质，特别是植物性蛋白质。消化器官的重量和容积都很小，胃重 6~8 g，仅占体重的 0.44%。肠腺和胰腺发育比较完善，胰蛋白酶、肠淀粉酶和乳糖酶活性较高，食物主要在小肠内消化。所以，初生仔猪只能吃母乳而不能利用植物性饲料。

（3）缺乏先天免疫力，容易得病。猪的胎盘构造特殊，母猪血管与胎儿的脐带血管被 6~7 层组织隔开，母源抗体不能通过胎液进入胎儿体内。因此，初生仔猪没有先天免疫力，自身也不能产生抗体，只有吃到初乳后，才能获得免疫力。

（4）体温调节能力差。初生仔猪大脑皮层发育不全，体温调节中枢不健全，调节体温能力差，皮薄毛稀，特别怕冷，如不及时吃母乳，很难成活。因此，初生仔猪饲养难度较大，成活率低。

（二）饲养管理

1. 抓乳食，过好初生关

饲养管理哺乳仔猪的任务是让哺乳仔猪获得最高的成活率和最大的断奶重。养好哺乳仔猪可从以下几方面着手：

（1）早吃初乳，固定乳头。初乳是指母猪产后 3~5 d 分泌的乳汁。初乳的特点是富含免疫球蛋白，可使仔猪尽快获得免疫抗体；初乳中蛋白质含量高，含具有轻泻作用的镁盐，可促进胎粪排出；初乳酸度较高，可弥补初生仔猪消化道不发达和消化腺机能不完善的缺陷。初生仔猪可从肠壁吸收初乳中的免疫球蛋白，出生 36 h 后不能再从肠壁吸收。因此，仔猪最好在生后 2 h 内吃到初乳。正常情况下，仔猪出生后凭可靠灵敏的嗅觉找到乳头，弱小仔猪行动不灵活，不能及时找到乳头或被挤掉，应给予人工辅助。

初生仔猪有抢占多乳奶头并占为己有的习性，开始几次吸食某个乳头，一经认定至断奶不变。固定乳头分自然固定和人工固定，应在生后 2~3 d 内完成。生产中为了使一窝仔猪发育整齐，提高仔猪成活率，可将弱小仔猪固定在前 3 对乳头，体大强壮的仔猪固定在中、后部乳头，其他仔猪自寻乳头。看护人员要随时帮助弱小仔猪吃上乳汁，这样有利于弱小仔猪的成活。

(2) 加强保温，防冻防压。哺乳仔猪对环境的要求很高。仔猪出生后，必须采取保温措施才能满足仔猪对温度的要求。哺乳仔猪适宜的环境温度：1~3 日龄为 32~35℃，4~7 日龄为28~30℃，15~30 日龄为 22~25℃，温度应保持稳定，防止过高或过低。产房内温度应控制在 18~20℃，设置仔猪保温箱，在保温箱顶端悬挂 150~250 W 的红外线灯，悬挂高度可视需要调节，照射时间根据温度随时调整；还可用电热板等办法加温，条件差的可用热水袋、输液瓶灌上热水保持箱内温度，既经济又实用，大大减少仔猪着凉、受潮和下痢的机会，从而提高仔猪成活率；南方还可用煤炉给仔猪舍加温。仔猪出生后 2~3 d，行动不灵活，同时母猪体力也未恢复，初产母猪通常缺乏护仔经验，常因起卧不当压死仔猪。所以，栏内除安装护仔栏外，还应建立昼夜值班制度，注意检查观察，做好护理工作，必要时采取定时哺乳。

(3) 寄养和并窝。产仔母猪在生产中常会出现一些意外情况，如母猪产后患病、死亡或产后无奶、产活仔猪数超过母猪的有效乳头数，这时就需给仔猪找个"奶妈"，即进行仔猪寄养工作。如果同时有几头母猪产仔不多，可进行并窝。寄养原则是有利于生产，两窝产期不超过 3 d，个体相差不大。选择性情温顺、护仔性好、母性强的母猪承担寄养任务，通常等吃过初乳以后进行，如遇特殊情况也可采食养母的初乳。具体操作时，应针对母猪嗅觉发达这一特性，将要并窝或过寄的仔猪预先混味，在寄养仔猪身上涂抹"奶妈"的乳汁，也可用喷药法，寄养最好在夜间进行。

(4) 及时补铁。铁是造血原料，刚出生的仔猪体内铁贮备少，只有 30~50 mg。由于仔猪每天从母乳中获得的铁只有 1 mg左右，而仔猪正常生长每天每头需要铁 7~8 mg，如不及时补铁，仔猪就会患缺铁性贫血症；铜是猪必需的微量元素，铜的缺乏会减少仔猪对铁的吸收和血红素形成，同样会发生贫血。高铜对幼猪生长和饲料利用率有促进作用，但过量添加会导致中毒。另外，初生仔猪缺硒会引起拉稀、肝坏死和白肌病等。仔猪补铁常用的方法是生后 2~3 日龄肌肉注射 100~150 mg 牲血素或者富血来等，2 周龄再注射 1 次即可，也可用红黏土补铁，在圈内放一堆红黏土，任其舔食。

2. 抓开食，过好补料关

哺乳仔猪体重增长迅速，对营养物质的需求与日俱增，而母猪的泌乳量在产后 3 周达高峰后逐渐下降，不能满足仔猪的营养物质需求。据报道，3 周龄仔猪摄入的母乳能满足其总营养物质的 97%，4 周龄 84%，5 周龄 50%，7 周龄 37%，8 周龄 27%。如不及时补料，会影响仔猪的生长发育，及早补料不但可以锻炼仔猪的消化器官，还可防止仔猪下痢，为安全断奶奠定基础。

（1）开食补料。仔猪开食训练时使用加有甜味剂或奶香味的乳猪颗粒料或焙炒后带有香味的玉米粒、高粱粒或小麦粒等，可取得明显的效果。

（2）开食方法。仔猪开食一般在 5~7 日龄进行，因为仔猪生后 3~5 日龄活动增加，6~7 日龄牙床开始发痒，喜欢啃咬硬物或拱掘地面，仔猪对这种行为有很大的模仿性，只要一头仔猪开始拱咬东西，别的仔猪很快也来模仿。因此，可以利用仔猪的这种习性和行为来引导其采食。一般经过 7 d 的训练，15 日龄后仔猪即能大量采食饲料，仔猪 20 日龄以后随着消化机能渐趋完善和体重的迅速增加，食量大增，并进入旺食阶段，应加强这一时期的补料。补料的同时注意补水，最好安装自动饮水器。

（3）补饲全价料。仔猪开食后，应逐渐过渡到补全价混合料。先在补饲栏内放入全价混合料，再在上面撒上一层诱食料，仔猪在吃进诱食料的同时，可将全价仔猪料吃进，然后逐渐过渡到全价混合料。补料可少喂勤添，10~15 日龄每天 2 次，以后每增加 5 d，增补 1 次，及时清除剩料，定期清洗补料槽。

仔猪开食到进入旺食期是补饲的关键时期，补饲效果主要取决于仔猪饲料的品质。哺乳仔猪的饲料要求高能量、高蛋白、营养全面、适口性好、容易消化、具有抗病性和采食后不易拉稀的特点。仔猪料每千克饲粮含消化能 14.02 MJ，粗蛋白 21%，赖氨酸不低于 1.42%，钙 0.88%，有效磷 0.54%，钠 0.25%，氯 0.25%，粗纤维含量不超过 4%。近年来，对早期断奶仔猪日粮的研究表明，适当添加复合酶、有机酸（延胡索酸、柠檬酸等）、调味剂（奶香味调味剂）、乳清粉、香味剂、微生态制剂（乳酸杆菌、双歧杆菌）等，可提高日粮的补饲效果，并能预防下痢。

3. 抓防病，过好断奶关

（1）预防仔猪下痢。哺乳期的仔猪，受疫病的威胁较大，发病率、死亡率都高，尤其是仔猪下痢（俗称拉稀）。引发仔猪下痢的原因很多，一是仔猪红痢病，它是由 C 型产气荚膜梭菌引起的，以 3 日龄内仔猪多发，最急性的发病快，不见拉稀便死亡，病程稍长的可见到拉灰黄和灰绿色稀便，后拉红色糊状粪便，红痢发病快，死亡率高；二是黄痢病，它是由大肠杆菌引起的急性肠道传染病，多发生在 3 日龄左右，临床表现是仔猪突然拉黄色或灰黄色稀薄如水的粪便，有气泡和腥臭味，死亡率高；三是白痢病，它是由大肠杆菌引起的胃肠炎，多发生在 10~20 日龄，表现为拉乳白色、灰白色或淡黄色的粥状粪便，有腥臭味，多发生在圈舍阴冷潮湿的环境或气候突然改变的情况下，死亡率较低，但影响仔猪增重，会延长饲养期。另外，哺乳期的仔猪也常常会因日粮营养浓度不合理，日粮突然改变，环境卫生条件差，仔猪初生重小，各种应激和气候变化等，引起非病原性下痢。

哺乳仔猪发病率高，应采取综合措施，切实做好防病工作，提高仔猪成活率。

（2）适时安全断奶。仔猪吃乳到一定时期，将母猪和仔猪分开饲养就叫断奶。断奶时间的确定应根据猪场性质、仔猪用途及体质、母猪的利用强度和仔猪的饲养条件而定。家庭养猪可以 35 日龄断奶，饲养条件好的猪场可以实行 21~28 日龄断奶，一般不宜早于 21 日龄。

二、保育仔猪的饲养管理

保育仔猪也叫断奶仔猪，一般指断奶至 70 日龄左右的仔猪。这个时期饲养管理的主要任务是做好饲料、饲养制度和环境的逐渐过渡，减少应激，预防疾病，及时供给全价饲料，保证仔猪正常的生长发育，为培育健壮结实的育成猪奠定基础。

（一）生理特点

保育仔猪处于强烈的生长发育时期，消化机能和抵抗力还没有发育完全；骨骼和肌肉快速生长，可塑性大，饲料利用率高，利于定向培育；仔猪由原来依靠母乳生活过渡为饲料供给营养；生活环境由产房迁移到仔猪培育舍，并伴随重新编群，更换饲料、饲养员和管理制度等一系列变化，给仔猪造成很大刺激。此时易引发各种不良的应激反应，如饲养管理不当，就会引起生长发育停滞，形成僵猪，甚至患病或死亡。

（二）饲养方法

仔猪断奶后由于生活条件的突然改变，往往表现不安、食欲不振、生长停滞、抵抗力下降，甚至发生腹泻等，影响仔猪的正常生长发育。为了养好断奶仔猪必须采取"两维持、三过渡"的办法。"两维持"即维持原圈或同一窝仔猪移至另一圈饲养，维持原饲料和饲养制度。"三过渡"即饲料的改变、饲养制度的改变和饲养环境的改变都要有过渡，每一变动都要逐步进行。因此，这一阶段的中心任务是保持仔猪的正常生长，减少和消除疾病的发生，提高保育仔猪的成活率，获得最高的平均日增重，为育肥猪生产奠定良好的基础。

（三）管理要求

（1）加强定位训练。仔猪断奶转群后，要调教训练采食、躺卧和排泄三点定位的习惯，既可保持圈内清洁，又便于清扫。具体做法是：利用仔猪嗅觉灵敏的特性，在转群后 3 d 内排泄区的粪尿不全清除，在早晨饲喂前后及睡觉前，将仔猪赶到排粪的地方，经过 1 周左右时间的训练就可养成仔猪定点排泄的习惯。

（2）创造适宜环境。仔猪舍温度要适宜，30~40 日龄为 21~22℃，41~60 日龄为 21℃，相对湿度为 65%~75%，通风良好，圈内粪尿及时清除。每周用百毒杀对圈舍、用具等进行 1~2 次消毒，随时观察仔猪采食、饮水、精神及粪便等，发现问题及时处理。

（3）搞好预防注射。根据当地疫病流行情况，认真制定仔猪的免疫程序，严格按规程执行，降低仔猪的发病率。

（四）保育仔猪舍饲养管理岗位操作程序

1. 工作目标

（1）保育期成活率 95% 以上。

（2）7 周龄转出体重 15kg 以上。

（3）10 周龄转出体重 20kg 以上。

2. 工作日程

7：30~8：30 饲喂。

8：30~9：30 治疗。

9：30~11：00 清理卫生、其他工作。

11：00~11：30 饲喂。

14：30~15：00 饲喂。

15：00~16：00　清理卫生、其他工作。

16：00~17：00　治疗、报表。

17：00~17：30　饲喂。

3. 岗位技术规范

（1）转入猪前，空栏，彻底冲洗消毒，空栏时间不少于3 d。

（2）转入猪只尽量同窝饲养，进出猪群每周一批次，认真记录。

（3）诱导仔猪吃料。转入后 1~2 d 注意限料，少喂勤添，每日 3~4 次，以后自由采食。

（4）调整饮水器使其缓慢滴水或小量流水，诱导仔猪饮水，注意经常检查饮水器。

（5）及时调整猪群，按照强弱、大小分群，保持合理的密度，病猪、僵猪及时隔离饲养，注意链球菌病的防治。

（6）保持圈舍卫生，加强猪群调教，训练猪群采食、卧息、排便"三点定位"。控制好舍内湿度，有猪时尽可能不用水冲洗猪栏（炎热季节除外）。

（7）进猪后第一周，饲料中适当添加一些抗应激药物，如维力康、多维、矿物质添加剂等，适当添加一些抗生素药物如呼诺玢、呼肠舒、支原净、强力霉素、土霉素等。1 周后体内外驱虫一次，可用伊维菌素、阿维菌素等拌料 1 周。

（8）喂料时观察食欲情况，清粪时观察排粪情况，休息时检查呼吸情况。发现病猪，对症治疗，严重者隔离饲养，统一用药。

（9）根据季节变化，做好防寒保温、防暑降温及通风换气，尽量降低舍内有害气体浓度。

（10）分群合群时，遵守"留弱不留强""拆多不拆少""夜并昼不并"的原则，并圈的猪只喷洒消毒药液（如来苏儿），清除气味差异，防止咬架而产生应激。

（11）每周消毒两次，每周消毒药更换一次。

第二节　育成猪的饲养管理

育成猪是指从保育仔猪群中挑选出的留作种用的幼龄猪，一般饲养至 8~12 月龄时开始配种利用。培育育成猪的要求是前期（60 kg 之前）自由采食，正常生长发育，后期（60 kg 之后至配种前）限制饲养，并保持不肥不瘦的种用体况，及早发情和适时配种。

一、饲养方法

（一）合理供给营养

掌握合适的营养水平是养好育成猪的关键。一般认为采用中上等营养水平比较适宜，注意营养全价，特别是蛋白质、矿物质与维生素的供给。如维生素 A、维生素 E 的供应，利于发情；充足的钙、磷，利于形成结实的体质；充足的生物素，可防止蹄裂等。建议日粮营养水平：60 kg 以前每千克日粮含粗蛋白 15.4%~18.0%，消化能 12.39~12.60 MJ；60 kg 以后每千克日粮含粗蛋白 13.5%，消化能 12.39 MJ。

（二）适时限量饲喂

育成猪一般在 60~70 kg 以后限量饲喂，这样可以保持适宜的种用体况，有利于发情配种。在此基础上可以供给一定量的优质青、粗饲料，尤其是豆科牧草，既可以满足育成猪对矿物质、维生素的需要，又可以减少碳水化合物的摄入，使猪不至于养得过肥而影响配种。具体可按如下程序进行：

（1）5 月龄之前自由采食，一直到体重 60~70kg。

（2）5~6.5 月龄采取限制饲养，饲喂富含矿物质、维生素和微量元素的育成猪料，日喂量 2 kg，平均日增重应控制在

500 g左右。

（3）6.5~7.5月龄短期优饲，加大饲喂量，促进体重快速增长，为发情配种做好准备，日喂量2.5~3 kg。

（4）7.5月龄之后，视体况及发情表现调整饲喂量，母猪膘情保持八九成。

（三）采用短期优饲

初配前的母猪，适合采用短期优饲的方法，即母猪配种前15 d左右，在原日粮的基础上，适当增加精料喂量，配种结束后，恢复到母猪妊娠前期的饲喂量即可，有条件时可让母猪在圈外活动并提供青绿饲料。这种方法可促进母猪配种前的发情排卵，增加头胎产仔数，提高养猪经济效益。

二、管理要求

（1）公母分群。育成猪应按品种、性别、体重等分群饲养，体重60kg以前每栏饲养4~6头，体重60 kg以后每栏饲养2~3头。小群饲养时，可根据膘情限量饲喂，直到配种前。按猪场的具体情况，有条件时可单栏饲养。

（2）加强运动。运动可以增强体质，使猪体发育匀称，增强四肢的灵活性和坚实性。有条件的猪场可以把育成猪赶到运动场自由运动，也可以通过减小饲养密度、增加饲喂次数等方式促使其运动。对待不发情母猪还可以采用换圈、并圈及舍外驱赶运动来促进母猪发情。

（3）定期称重。育成猪应每月定期称测体重，检查其生长发育是否符合品种要求，以便及时调整饲养，6月龄以后应测定体尺指标和活体膘厚。育成猪在不同日龄阶段应保持相应的体尺与体重，发育不良的育成猪，应及时淘汰。

（4）耐心调教。育成猪要从小加强调教，以便建立人猪亲和关系，严禁打骂，为以后采精、配种、接产打下良好基础。管理人员要经常接触猪只，抚摸猪只敏感部位，如耳根、腹侧、乳房等处，促使人畜亲和。达到性成熟时，实行单圈饲养，避免造成自淫和互相爬跨的恶癖。

（5）接种疫苗。做好育成猪各阶段疫苗的接种工作。如口蹄疫、猪瘟、伪狂犬病、细小病毒病、乙型脑炎等。

（6）日常管理。保持舍内清洁卫生和通风换气，冬季防寒保温、夏季防暑降温。经常刷拭猪体，及时观察记录，达到月龄和体重时开始配种。

三、育成猪舍饲养管理岗位操作程序

（一）工作目标

保证育成母猪转为后备母猪的合格率≥90％，转为后备公猪的合格率≥80％。

（二）工作日程

7：30~8：00　观察猪群。

8：00~8：30　饲喂。

8：30~9：30　治疗。

9：30~11：30　清理卫生、其他工作。

14：00~15：30　冲洗猪栏、清理卫生。

15：30~17：00　治疗、其他工作。

17：00~17：30　饲喂。

（三）岗位技术规范

（1）按进猪日龄，分批次做好免疫、驱虫、限饲优饲计划。后备母猪配种前体内外驱虫一次，进行乙型脑炎、细小病毒、猪瘟、口蹄疫等疫苗的注射。

（2）日喂料两次。母猪6月龄以前自由采食，7月龄以后适当限制，配种前1个月或半个月优饲。限饲时喂料量控制在2 kg以下，优饲时2.5 kg以上或自由采食。

（3）做好发情记录，并及时移交配种舍人员。母猪发情记

录从 6 月龄开始。仔细观察初次发情期，以便在第 2~3 次发情时及时配种，并做好记录。

（4）育成公猪单栏饲养，圈舍不够时可 2~3 头一栏，配种前 1 个月单栏饲养。育成母猪小群饲养，5~8 头一栏。

（5）引入育成猪第 1 周，饲料中适当添加一些抗应激药物，如维力康、维生素 C、多维、矿物质添加剂等。同时饲料中适当添加一些抗生素药物如呼诺玢、呼肠舒、泰灭净、强力霉素、利高霉素、土霉素等。

（6）外引猪的有效隔离期约 6 周（40 d），即引入育成猪至少在隔离舍饲养 40 d。若能周转开，最好饲养到配种前 1 个月，即母猪 7 月龄、公猪 8 月龄。转入生产线前最好与本场已有母猪或公猪混养 2 周以上。

（7）育成猪每天每头喂 2.0~2.5 kg，根据不同体况、配种计划增减喂料量。育成母猪在第一个发情期开始，要安排喂催情料，比规定料量多 1/3，配种后料量减到每头 1.8~2.2 kg。

（8）进入配种区的育成母猪每天赶到运动场运动 1~2 h，并用公猪试情检查。

（9）通过限饲与优饲、调圈、适当的运动、应用激素等措施刺激母猪发情，凡进入配种区超过 60 d 不发情的小母猪应淘汰。

（10）对患有气喘病、胃肠炎、肢蹄病等疾病的育成母猪，应单独隔离饲养，隔离栏位于猪舍最后；观察治疗两个疗程仍未见有好转的，应及时淘汰。

（11）育成猪 7 月龄转入配种舍，母猪初配月龄须到 7.5 月龄，体重达到 110 kg 以上；公猪初配月龄须到 8.5 月龄，体重达到 130 kg 以上。

第三节　种公猪的饲养管理

种公猪质量的好坏直接影响整个猪群生产水平的高低，农谚道"母猪好、好一窝，公猪好、好一坡"，充分说明了养好公猪的重要性。采用本交方式配种的公猪，一年负担 20~30 头母猪的配种任务，繁殖仔猪 400~600 头；采用人工授精方式配种，每头公猪与配母猪头数和繁殖仔猪数更多。由此可见，加强公猪的饲养管理，提高公猪的配种效率，对改进猪群品质，具有十分重要的意义。生产中要提高公猪的配种效率，必须常年保持种公猪的饲养、管理和利用三者之间的平衡。

一、饲养方法

（1）日粮供应。种公猪的日粮除严格遵循饲养标准外，还需根据品种类型、体重大小、配种利用强度合理配制。冬季寒冷，日粮的营养水平应比饲养标准高 10%~20%。

（2）饲喂技术。种公猪的饲喂一般采用限量饲喂的方式，日粮可用生湿拌料、干粉料或颗粒料。日喂 2~3 次，每次不要喂得太饱，以免过食和饱食后贪睡。此外，每天供给充足清洁的饮水，严禁饲喂发霉变质的饲料。

二、管理要求

种公猪的管理除经常保持圈舍清洁干燥、通风良好外，应重点做好以下工作。

（1）建立稳定的日常管理制度。为减少公猪的应激影响，提高配种效率，种公猪的饲喂、饮水、运动、采精、刷拭、防疫、驱虫、清粪等管理环节，应固定时间，以利于猪群形成良好的生活规律。

（2）单圈饲养。成年公猪最好单圈喂养，可减少相互打斗或爬跨造成的精液损失或肢蹄伤残。

（3）适量运动。适量运动是保证种公猪性欲旺盛、体质健壮、提高精液品质的重要措施。规模猪场设有专门的运动场，公猪作轨道式运动或迷宫式运动；若无专门的运动场，种公猪也可自由运动，必要时进行驱赶运动。

（4）刷拭修蹄。每天刷拭猪体，既可保持皮肤清洁、健康，减少皮肤疾病，还可使公猪性情温顺，便于调教、采精和人工辅助配种。

（5）定期称重。种公猪应定期称重或估重，及时检查生长发育状况，防止膘情过肥或过瘦，以提高配种效果。

（6）检查精液。平时做好种公猪的精液品质检查，通过检查及时发现和解决种公猪营养、管理、疾病等方面的问题。实行人工授精，公猪每次采精后必须检查精液品质；如果采用本交，公猪每月应检查1~2次精液品质。种公猪合格的精液表现为射精量正常、精液颜色乳白色、精液略带腥味、精子密度中等以上，精子活力0.7以上。

（7）防止自淫。部分公猪性成熟早，性欲旺盛，容易形成自淫（非正常射精）恶癖。生产中杜绝公猪自淫恶癖可采取单圈饲养、远离配种点和母猪舍、利用频率合理和加强运动等方法。

（8）防暑防寒。种公猪舍适宜的温度为14~16℃，夏季防暑降温，冬季防寒保暖。高温对种公猪影响较大，公猪睾丸和阴囊温度通常比体温低3~5℃，这是精子发育所需要的正常体温。当高温超过公猪自身的调节能力时，睾丸温度随之升高，进而造成精液品质下降、精子畸形率增加，甚至出现大量的死精，一般在温度恢复正常后2个月左右，公猪才能进行正常配种。所以，在高温季节，公猪的防暑降温显得十分重要。炎热的季节可通过安装湿帘风机降温系统、地面洒水、洗澡、遮阴、安装吊扇等方法对种公猪降温。

三、种公猪常见问题及解决方法

（1）无精与死精。种公猪交配或采精频率过高，会引起突然无精或死精。治疗时使用丙酸睾丸素（每毫升含丙酸睾丸素25 mg）一次颈部注射 3~4 mL，每 2 d 1 次，4 次为一个疗程，同时加强种公猪的饲养管理，1 周后可恢复正常。

（2）公猪阳痿。公猪无性欲，经诱情也无性欲表现。可用甲基睾丸素片口服治疗，日用量 100 mg，分两次拌入饲料中喂服，连续 10 d，性欲即可恢复。

（3）蹄底部角质增生。增生物可进行手术切除，用烙铁烧烙止血，同时服用一个疗程的土霉素，预防感染，7~10 d 后患病猪的蹄部可以着地站立，投入使用。

（4）应激危害。各种应激因素容易诱发种公猪的配种能力下降，如炎热季节的高热、运输、免疫接种及各种传染病等多种因素会引起应激危害，影响公猪睾丸的生精能力。及时消除应激因素，部分种公猪可恢复功能，若消除不及时，部分种公猪可能永久丧失生殖能力。

（5）睾丸疾病。种公猪的睾丸常常因疾病等因素，导致睾丸肿胀或萎缩，失去配种能力。如感染日本乙型脑炎病毒，可引起睾丸双侧肿大或萎缩，如不及时治疗，则会使公猪丧失种用价值。每年春、秋两季分别预防注射一次猪乙型脑炎疫苗，改善环境，减少蚊虫叮咬，防止猪乙型脑炎的发生。

四、公猪舍饲养管理岗位操作程序

（一）工作目标

（1）维持种公猪中上等膘情，精力充沛、性欲旺盛，精液品质良好。

（2）配种能力强，促使母猪的情期受胎率达到 85% 以上。

（二）工作日程

7：30~8：30　饲喂。

8：30~11：30　观察猪群、采精、运动。

11：30~12：00　清理卫生、其他工作。

14：30~16：30　清理卫生、其他工作。

16：30~17：30　观察猪群、刷拭、治疗、其他工作。

17：30~18：30　饲喂。

（三）岗位技术规范

（1）饲养原则。提供所需的营养以使精液的品质最佳，数量最多。为了交配方便，延长使用年限，公猪不应太大，并执行限制饲养的方法。一般情况下，公猪日喂2次，每头每天喂2.5~3.0 kg。配种期每天补喂一枚鸡蛋（喂料前），每次不要喂得过饱，以免饱食贪睡，不愿运动而造成过肥。按免疫程序做好各种疫苗的免疫接种工作，预防烈性传染病的发生。

（2）单栏饲养。保持圈舍与猪体清洁，合理运动。有条件时每周安排2~3次驱赶运动。

（3）调教公猪。后备公猪达8月龄，体重达120 kg，膘情良好时即可开始调教。将后备公猪赶到配种能力较强的种公猪附近隔栏观摩、学习配种方法。第一次配种时，公、母大小比例要合理，母猪发情状态要好，不让母猪爬跨新公猪，以免影响公猪配种的主动性，正在交配时不能推压公猪，更不能鞭打或惊吓公猪。

（4）注意安全。工作时保持与公猪的距离，不要背对公猪。公猪试情时，需要将正在爬跨的公猪从母猪背上推下，这时要特别小心，不要推其肩、头部，以防遭受攻击。严禁粗暴对待公猪。

（5）合理使用。后备公猪9月龄开始使用，使用前先进行配种调教和精液质量检查，初配体重应达到130 kg以上。9~12

月龄公猪每周配种 1~2 次，13 月龄以上公猪每周配种 3~4 次。健康公猪休息时间不得超过 2 周，以免发生配种障碍。若公猪患病，1 个月内不准使用。

（6）精液检查。本交公猪每月须检查精液品质一次，夏季每月两次，若连续三次精检不合格或连续两次精检不合格，且伴有睾丸肿大、萎缩、性欲低下、跛行等疾病时，必须淘汰。各生产线应根据精液品质检查结果，合理安排好公猪的使用强度。

（7）防暑降温。天气炎热时应选择在早晚较凉爽时配种，并适当减少使用次数，防止公猪热应激。

（8）预防疾病。经常刷拭和冲洗猪体，及时防疫、驱虫，注意保护公猪肢蹄；对性欲低下的公猪，加强营养供应和运动锻炼，及时诊断和治疗。

第四节 种母猪的饲养管理

种母猪是养猪生产经营管理的重要组成部分，既是养猪场重要的生产资料，又是饲养管理人员从事养猪生产的主要对象和生产产品。对于一个养猪场来说，种母猪群管理效果的好坏，关系全场生产效益的高低。种母猪的饲养管理按照生产周期可划分为空怀期、妊娠期和泌乳期三个时期，由于在不同的时期，母猪的生理特点和生产特点差异较大，所以在养猪生产实践中，应根据其各自的特点有针对性地制定相应的饲养管理方案，只有这样，才能确保母猪配种、妊娠、分娩顺利进行。

一、空怀母猪的饲养管理

空怀母猪是由分娩车间转来的断奶母猪和后备车间补充进来的后备母猪。主要任务是让母猪尽快恢复合适的膘情，按时发情配种，并做好妊娠鉴定工作，为转入妊娠舍做好准备。

（一）控制膘情

断奶后的母猪如果出现膘情过肥或过瘦的现象，都会导致母猪发情推迟、排卵减少、不发情或乏情等问题的发生。生产中应根据其体况好坏，限制饲养，控制合理的膘情，促使其正常的繁殖产仔。

（1）体况消瘦的母猪。有些母猪特别是泌乳力高的个体，泌乳期间营养消耗多，减重大，到断奶前已经相当消瘦，奶量不多，一般不会发生乳房炎。此类猪断奶时可不减料，干乳后适当增喂营养丰富的易消化饲料，以尽快恢复体力，及时发情配种。

（2）体况肥胖的母猪。过于肥胖的空怀母猪，往往贪吃、贪睡，发情不正常，要少喂精料，多喂青绿饲料，加强运动，使其尽快恢复适度膘情，以便及时发情配种。

空怀母猪的膘情鉴定如图 1-1 所示。

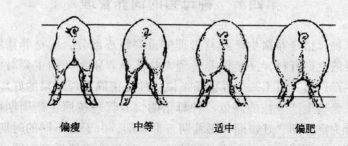

偏瘦　　　中等　　　适中　　　偏肥

图 1-1　空怀母猪膘情比较

（二）合理给料

经产母猪从断奶到再次配种这一段时期，称为空怀期。母猪断奶时应保持七八成膘，以确保断奶后 3~10d 再次发情配种，开始进入下一个繁殖周期。饲养空怀母猪的主要任务是保证母猪正常发情，并多排卵。生产中由于空怀母猪既不妊娠，也不带仔，人们在饲养上往往不重视，因而常出现发情推迟或不发情等问题。为了促使其发情排卵，按时组织配种并成功受胎，空怀母猪应合理给料。

空怀母猪的给料方法如表 1-1 所示。

表 1-1　空怀母猪的给料方法

哺乳	3 d→ 减料	断奶	3 d→ 减料	干奶	4~7 d→ 加料	发情

（三）适时干奶

如果断奶前母猪仍能分泌大量的乳汁，特别是早期断奶的母猪，为了防止乳房炎的发生，断奶前后要少喂精料，多喂青、粗饲料，使母猪尽快干奶。

（四）小群管理

小群管理是将同期断奶的母猪 3~5 头饲养在同一栏（圈）内，让其自由活动。有舍外运动场的栏（圈）舍，应扩大运动范围。当群内出现发情母猪后，由于爬跨和外激素的刺激，便可引诱其他空怀母猪发情。母猪从分娩舍转来之前，固定于限位栏内饲养，活动范围小，缺乏运动。生产实践中，转入空怀舍的母猪应小群饲养在宽敞的圈舍环境中，以利于运动、光照和发情。

二、妊娠母猪的饲养管理

妊娠母猪是由配种车间转来的妊娠 21 d 左右的母猪。管理者的主要任务是根据母猪的膘情，按照饲养标准，对不同体况的母猪给予不同的饲养方法，维持中上等膘情，并做好母猪的安宫保胎和泌乳储备等工作。

在泌乳期间，通过增加饲料摄入量，可使产奶量达到一个较高水平。若妊娠期间，母猪营养水平过高，会使母猪过于肥胖，造成饲料浪费，即饲料中营养物质经猪体消化吸收后变成脂肪等贮藏于体内的代谢过程，会损失一部分营养物质；泌乳时再由体脂转化为母乳营养的代谢过程，又会损失一部分营养物质，两次的营养损失超过泌乳母猪将饲料中的营养物质直接转化为猪乳的一次性损失。另外，妊娠母猪过于肥胖，常常形成难产、奶水不足、食欲不振、产后易压死仔猪和不发情等现象。因此，妊娠母猪采用适度限制饲养，既可以节约饲料，还有利于分娩和泌乳。

（一）饲养方式

妊娠母猪的饲养方式应在限制饲养的基础上，根据其营养状况、膘情和胎儿的生长发育规律合理确定。

（1）抓两头带中间。适用于断奶后膘情很差的经产母猪。具体做法是在配种前 10 d 和配种后 20 d 的 1 个月内，提高营养水平，日平均采食量在妊娠前期饲养标准的基础上增加 15%～20%，有利于体况恢复和受精卵着床。体况恢复后改为妊娠中期的基础日粮。妊娠 80 d 后再次提高营养水平，即日平均采食量在妊娠前期饲养标准的基础上增加 25%～30%，这种饲喂模式符合"高→低→高"的饲养方式。

（2）步步登高。适用于初产母猪和繁殖力特别高的经产母猪。具体做法是在整个妊娠期，根据胎儿体重的增加，逐渐提高日粮的营养水平，到产前的 1 个月达到高峰，但在产前 1 周左右，采取减料饲养。

（3）前粗后精。适用于配种前体况良好的经产母猪。具体做法是妊娠初期不增加营养，到妊娠后期，胎儿发育迅速，增加营养供给，但不能把母猪养得过肥。

产前 5～7 d，体况良好的母猪，减少日粮中 10%～20% 的精料，以防母猪产后乳房炎和仔猪下痢；体况较差的母猪，日粮中添加一些富含蛋白质的饲料。分娩当天，可少喂或停喂，并提供少量的麸皮盐水汤或麸皮红糖水。

（二）管理要求

（1）单栏或小群饲养。单栏饲养是母猪从妊娠到分娩产仔前，均饲养在限位栏内。这种饲养方式的特点是采食均匀，管理方便，但母猪不能自由运动，肢蹄病较多。小群饲养时可将配种期相近、体重相近和性情相近的 3~5 头母猪，圈在同一栏（圈）内饲养，母猪可以自由运动，采食时因相互争抢可增进食欲，如果分群不合理，同栏个别母猪会因胆小而影响其采食与休息。

（2）保证饲料质量和卫生。严禁饲喂霉变、腐败、冰冻、有毒有害的饲料。饲料体积不宜太大，适当提高日粮中粗纤维水平，以防母猪便秘。喂料时最好采用粉料湿拌的饲喂方式。

（3）做好接产准备。搞好预产期推算，做好产房和接产准备，并做好记录。

（4）防止流产。饲养员对待妊娠母猪态度温和，不能惊吓、打骂母猪，经常抚摸母猪的腹部，为将来接产提供便利条件。另外，应每天观察母猪的采食、饮水、粪尿和精神状态的变化，预防疾病发生，减少机械刺激（如挤、斗、咬、跌、骚动等），防止流产。

三、泌乳母猪的饲养管理

泌乳期的母猪因泌乳量多，体力消耗大，体重下降快，尤其是带仔数超过 10 头的母猪，体重减轻和掉膘明显。如果到哺乳期结束，能够很好地控制母猪体重下降幅度不超过 15%~20%，一般认为比较理想，如果体重下降幅度过大，且不足以维持七八成膘情，常会推迟断奶后的发情配种时间，给生产带来损失。因此，泌乳期母猪应以满足维持需要和泌乳需要为标准，实行科学饲养管理。

（一）饲养方法

（1）提供营养全价的日粮。母猪的乳汁含有丰富的营养物质，直接关系到哺乳仔猪生长发育的好坏。为了保证母猪多产乳，产好乳，避免少乳、无乳现象发生，应根据母猪的体重大小、带仔多少，给母猪提供营养丰富而全价的日粮，自由采食，饮水充足。泌乳母猪日粮中各种营养物质的浓度应满足：每千克饲料中含有消化能 13.8 MJ，粗蛋白 17.5% ~ 18.5%，钙 0.77%，有效磷 0.36%，钠 0.21%，氯 0.16%，赖氨酸 0.88% ~ 0.94%。如果采用限量饲喂，日喂量应控制在 5.5 ~ 6.5 kg，每日饲喂 4 次。夏季气候炎热，母猪食欲下降，可多喂青绿饲料；冬季舍内温度达不到 15 ~ 20℃，可在日粮中添加 3% ~ 5% 的动物脂肪或植物油，促进母猪提高泌乳量。

（2）自由采食。泌乳母猪因产乳营养消耗大，即使充分饲养，体重的减轻和消瘦也是不可避免的。为了保证母猪断奶后正常发情排卵和维持配种膘情，应采用自由采食的方法饲喂泌乳母猪。产前 3 d 开始减料，减至正常饲喂量的 1/3 ~ 1/2，产后 3 d 恢复正常，然后自由采食至断奶前的 3 d。

（3）合理饲养。母猪产后，处于极度疲劳状态，消化机能差。开始应喂给稀粥料，2 ~ 3 d 后，改喂湿拌料，并逐渐增加，5 ~ 7 d 后，达到正常饲喂量。产前、产后日粮中加 0.75% ~ 1.50% 的电解质、轻泻剂（维力康、小苏打或芒硝）以预防产后便秘、消化不良、食欲不振等，夏季日粮中添加 1.2% 的碳酸氢钠可提高采食量。

（二）管理要求

（1）哺乳期内保持环境安静、圈舍清洁干燥，做到冬暖夏凉。随时观察母猪的采食量和泌乳量的变化，以便根据具体情况采取相应的措施。

（2）产房内设置自动饮水器，保证母猪随时饮水。

（3）培养母猪交替躺卧哺乳习惯。母猪乳腺的发育与仔猪吮吸有关，特别是初产母猪一定要均匀利用所有的乳头。泌乳期间加强训练母猪交替躺卧哺乳的习惯，保护好母猪的乳房和乳头。

（4）冬季防寒保暖，夏季防暑降温。

（三）断奶时间控制

目前我国母猪的泌乳期大多执行 28~35 日龄断奶。母猪在何时断奶，要根据母猪的失重情况、断奶后的发情、年产仔窝数、仔猪断奶应激等因素确定。

四、种母猪舍饲养管理岗位操作程序

（一）配种妊娠舍饲养管理岗位操作程序

1. 工作目标

（1）按计划完成每周配种任务，保证全年均衡生产。

（2）保证母猪情期受胎率 85% 以上。

（3）保证后备母猪合格率在 90% 以上（转入基础群为准）。

2. 工作日程

7：30~9：00　发情检查、配种。

9：00~9：30　饲喂。

9：30~10：30　观察猪群、治疗。

10：30~11：30　清洁卫生、其他工作。

14：00~15：30　冲洗猪栏猪体、其他工作。

15：30~17：00　发情检查、配种。

17：00~17：30　饲喂。

3. 岗位技术规范

（1）发情鉴定与组织配种。发情鉴定的最佳时间是在母猪喂料后 0.5 h，表现安静时进行（由于与喂料时间冲突，主要用于鉴定困难的母猪），每天上、下午各进行一次发情鉴定，采用人工查情与公猪试情相结合的方法。经鉴定已发情的母猪，按照合理的组织程序安排配种。

（2）断奶母猪的饲养管理。

①断奶母猪的膘情至关重要，要做好哺乳后期的饲养管理，使其断奶时保持较好的膘情。

②哺乳后期不要过多削减母猪喂料量，抓好仔猪的补饲，减少母猪泌乳的营养消耗，适当提前断奶。

③断奶前后1周内适当减少哺乳次数，减少喂料量，以防发生乳房炎。

④有计划地淘汰7胎以上或生产性能低下的母猪，确定淘汰猪最好在母猪断奶时进行。

⑤母猪断奶后一般在3~7 d开始发情，此时注意做好母猪的发情鉴定和公猪的试情工作。母猪发情稳定后才可配种，不要强配。

⑥断奶母猪可喂哺乳料，正常日喂量2.5~3.0 kg；推迟发情的断奶母猪短期优饲，日喂量3~4 kg。

（3）妊娠母猪的饲养管理。

①所有母猪配种后，按配种时间（周次）在妊娠定位栏编组排列。妊娠料分两阶段按标准饲喂。

②根据母猪膘情调整投料量，每次投放饲料要准、快，以减少应激，保证每头猪足够的采食时间。

③不喂发霉变质饲料，防止中毒。

④减少应激，防止流产，做好保胎。

⑤妊娠诊断。在正常情况下，配种后21 d左右不再发情的母猪，即可确定为妊娠，其表现为：贪睡、食欲旺盛、易上膘、皮毛光润、性情温驯、行动稳重、阴门缩成一条线等。同时做好配种后18~65 d的重复发情检查工作。

⑥膘情评估。按妊娠阶段分三段进行饲喂和管理。妊娠前期1个月内的喂料量为1.8~2.2 kg/（d·头），妊娠中期2个月内的喂料量为2.0~2.5 kg/（d·头），妊娠后期最后1个月的喂料量为2.8~3.5kg/（d·头），产前1周开始饲喂哺乳料，并适

当减料。

⑦防止机械性流产，预防中暑。

⑧按免疫程序做好各种疫苗的免疫接种工作，预防烈性传染病的发生。

⑨妊娠母猪临产前1周转入产房，转入前冲洗消毒，并同时驱除体内外寄生虫。

（二）分娩哺乳舍饲养管理岗位操作程序

1. 工作目标

（1）保证母猪分娩率96%以上。

（2）保证母猪年产仔窝数达到2.1窝，每窝平均产活仔数在10.5头以上，哺乳期仔猪成活率92%以上。

（3）仔猪28日龄断奶，断奶时平均体重7.0 kg以上。

2. 工作日程

7：30~8：30　母猪、仔猪饲喂。

8：30~9：30　治疗、打耳号、剪牙、断尾、补铁等工作。

9：30~11：30　清洁卫生、其他工作。

14：30~16：00　清洁卫生、其他工作。

16：00~17：00　治疗、报表。

17：00~17：30　母猪、仔猪饲喂。

3. 岗位技术规范

（1）产前准备。

①空栏彻底清洗，检修产房设备，之后用卫康、消毒威等消毒药，连续消毒两次，晾干后备用。第二次消毒最好采用火焰消毒或熏蒸消毒。

②产房温度最好控制在25℃左右，湿度65%~75%，分娩栏饮水器安装滴水装置，夏季滴水降温。

③准确判定预产期，母猪的妊娠期平均为114 d。

④母猪产前3d减料，产后3 d逐渐加料，以后自由采食。

产前 3 d 开始投喂维力康或小苏打、芒硝，连喂 1 周，产前检查乳房是否有乳汁流出，以便做好接产准备。

⑤准备好 5% 碘酊、0.1% 高锰酸钾消毒水、抗生素、催产素、保温灯等药品及用具。

⑥产前用 0.1% 高锰酸钾消毒水，清洗母猪的外阴和乳房部。

⑦临产母猪提前 1 周上产床，上产床前清洗消毒，驱除体内外寄生虫一次。

⑧产前肌注德力先等长效土霉素 5 mL。

⑨母猪产前至产后 1~2 周内饲料中添加呼肠舒、强力霉素等，以防产后仔猪下痢。

（2）判断分娩

①外生殖器红肿，频频排尿。

②骨盆韧带松弛，尾根两侧塌陷。

③乳房有光泽、两侧乳房外张，用手挤压有乳汁排出，初乳出现后 12~24 h 分娩。

（3）接产

①要求专人看管，接产时每次离开时间不得超过半小时。

②仔猪出生后，应立即将其口鼻黏液清除、擦净，用抹布将猪体抹干，发现假死仔猪及时抢救，产后检查胎衣是否全部排出，如胎衣不下或胎衣不全，可肌注催产素。

③断脐后用 5% 碘酊消毒。

④把初生仔猪放入保温箱，保持箱内温度 30℃以上。

⑤帮助仔猪吃上初乳，固定乳头，初生重小的放在前面，大的放在后面。仔猪吃初乳前，每个乳头的最初几滴奶要挤掉。

⑥有羊水排出、强烈努责后 1 h 仍无仔猪排出，或产仔间隔超过 1 h，即视为难产，需要人工助产。

（4）难产处理

①有难产史的母猪临产前 1 d，肌注律胎素或氯前列烯醇，

或预产期当日注射缩宫素。

②临产母猪子宫收缩无力，或产仔间隔超过半小时者，可注射缩宫素，但要注意在子宫颈口开张时使用。

③注射催产素仍无效或由于胎儿过大、胎位不正、骨盆狭窄等原因造成的难产，应立即人工助产。

④人工助产时，要剪平指甲，润滑手、臂并消毒，然后随着子宫收缩节律慢慢伸入阴道内，手掌心向上，五指并拢，抓仔猪的两后腿或下颌部，母猪子宫扩张时，开始向外拉仔猪，努责收缩时停下，动作要轻，拉出仔猪后应帮助仔猪呼吸，假死仔猪及时处理。

⑤产后阴道内注入抗生素，同时肌注得力先等抗生素一个疗程，以防发生子宫炎、阴道炎。

⑥对难产的母猪，应在母猪卡上注明发生难产的原因，以便下一产次的正确处理或作为淘汰鉴定的依据。

（5）产后护理和饲养。

①哺乳母猪每天喂 2~3 次，产前 3 d 开始减料，渐减至日常量的 1/3~1/2，产后 3 d 恢复正常，自由采食直至断奶前 3 d。喂料时若母猪不愿站立吃料应赶起。产前产后日粮中加 0.75%~1.50% 的电解质、轻泻剂（维力康、小苏打或芒硝），以预防产后便秘、消化不良、食欲不振。夏季日粮中添加 1.2% 的碳酸氢钠可提高采食量。

②哺乳期内注意环境安静、圈舍清洁干燥，做到冬暖夏凉。随时观察母猪的采食量和泌乳量的变化，以便针对具体情况采取相应措施。

③仔猪出生后 2 d 内注射血康、富来血、牲血素等铁剂 1 mL，预防贫血；口服抗生素如兽友一针、庆大霉素 2 mL，以预防下痢；注射亚硒酸钠维生素 E 0.5 mL，以预防白肌病，同时也能提高仔猪对疾病的抵抗力；如果猪场呼吸道疾病严重时，鼻腔喷雾卡那霉素加以预防；无乳母猪采用催乳中药拌料或

口服。

④新生仔猪要在 24 h 内断脐、称重、打耳号、剪牙、断尾等。断脐以留下 3 cm 为宜，断端用 5%碘酊消毒；有必要打耳号时，尽量避开血管处，缺口处用 5%碘酊消毒；剪牙钳用 5%碘酊消毒后，剪掉上下两侧犬齿，弱仔不剪牙；断尾时，尾根部留下 3 cm 处剪断，用 5%碘酊消毒。

⑤在哺乳期因失重过多而瘦弱的母猪，要适当提前断奶，断奶前 3 d 需适当限料。产房人员不得擅自离岗，不得已离岗时控制在 1 h 以内。

第五节　育肥猪的饲养管理

育肥猪是指从保育仔猪群中挑选出的专做育肥用的幼龄猪，一般饲养至 5~6 月龄，体重达 90~100 kg 时屠宰出售。饲养育肥猪的要求是使其快速生长发育，尽早出栏，屠宰后的胴体瘦肉率高，肉质良好。

育肥猪是养猪生产的最后一个环节，也是产品形成的关键时期，直接关系到养猪生产经济效益的高低。

一、影响育肥猪生长的因素

（一）品种和类型

猪的品种和类型不同，生长育肥效果也不一样。大量研究表明，瘦肉型品种猪特别是杂种猪增重快、饲料利用率高、饲养期短、胴体瘦肉率高、经济效益好。一般来讲，三元杂交猪优于二元杂交猪。在市场经济的推动下，我国许多地方推广"杜×（长×大）"（简称"洋三元"）或"杜×（长×本）""杜×（大×本）"等三元杂交生产模式，商品猪的生长速度、胴体瘦肉率均有较大的提高。

（二）饲料和营养

肉猪对营养物质的需要包括维持需要和增重需要。

1. 饲料类型

不同的饲料类型，育肥效果不同。由于各种饲料所含的营养物质不同，应选用质量好的饲料并采取多种饲料搭配，以满足育肥猪的营养需要，单一饲料很难养好猪。

饲料对育肥猪胴体的肉脂品质影响极大，如多喂大麦、脱脂乳、薯类等淀粉类饲料，因其含有大量的饱和脂肪酸，形成的体脂洁白、硬实、易保存；多给米糠、玉米、豆饼、鱼粉、蚕蛹等原料，因其本身脂肪含量高，且多为不饱和脂肪酸，形成的体脂较软，易发生脂肪氧化，有苦味和酸败味，烹调时有异味。因此，育肥猪宰前2个月应减少不饱和脂肪酸含量高和有异味的饲料，以提高肉质。

2. 营养水平

营养水平对猪的平均日增重、饲料利用率和胴体品质有明显的影响。高营养水平饲养的育肥猪，饲养期短，每千克增重耗料少；低营养水平饲养的育肥猪，饲养期长，每千克增重耗料多。

（1）能量水平。在饲料蛋白质、必需氨基酸水平相同的情况下，育肥猪摄入能量越多，猪的平均日增重越高，饲料利用率越高，胴体也越肥。

（2）蛋白质水平。蛋白质不仅决定瘦肉的生长，而且对增重也有一定的影响。日粮中蛋白质含量在9%～22%，猪的增重速度随蛋白质水平的增加而加快，饲料利用率也随之提高。粗蛋白水平超过18%时，一般认为对增重没有效果。育肥猪体重60 kg 以前，日粮中蛋白质含量以 16.4%～19.0%为宜，体重60 kg 以后以 14.5%为宜。

（3）氨基酸。猪日粮中除满足蛋白质供给外，还必须注意日粮中必需氨基酸的组成及其比例。猪需要 10 种必需氨基酸（赖氨酸、色氨酸、蛋氨酸、组氨酸、亮氨酸、异亮氨酸、苯丙氨酸、苏氨酸、缬氨酸和精氨酸），赖氨酸是第一限制性氨基酸，对育肥猪的日增重及蛋白质的利用有较大的影响。育肥猪日粮中赖氨酸的比例为 0.8%～1.0%时，生物学效价最高。

（4）粗纤维。猪对粗纤维的消化能力较低，日粮中粗纤维含量会直接影响猪的日增重、饲料利用率和胴体瘦肉率。猪对粗纤维的消化能力随日龄的增长而提高，幼龄猪日粮中粗纤维水平应低于 4%，育肥猪不能超过 8%。

（三）仔猪体重

正常情况下，仔猪初生重大，则生活力强，生长迅速，断奶重大，育肥期增重快。因此，要获得良好的育肥效果，必须重视种猪妊娠期和仔猪哺乳期的饲养管理，特别要加强仔猪的培育，设法提高仔猪的初生重和断奶重，为提高育肥效果打下良好的基础。

（四）环境条件

（1）温度。育肥猪在适宜的环境中，才能加快增重并降低饲料消耗。育肥猪生长最适宜的温度：育肥前期以 18～20℃ 为宜，育肥后期以 16～18℃ 为宜。

（2）湿度。湿度对猪生长的影响一直未引起人们的重视。随着现代养猪业的发展，猪舍的密闭程度越来越高，舍内湿度过大，已对猪的健康、生长产生明显的不良影响。湿度产生的影响跟环境温度有关，低温高湿会使育肥猪增重下降，饲料消耗增高，高温高湿影响更大。育肥猪育肥期的相对湿度以 70%～75% 为宜。

（3）空气质量。现代养猪因饲养密度加大，舍内空气由于猪的呼吸、排泄和粪尿腐败，使氨气、硫化氢和二氧化碳等有害气体的含量增加，这种情况已在育肥猪生产中形成明显的影响，如果育肥猪长期处在这种环境下，会使平均日增重下降、饲料消耗增加。因此，猪舍必须保证适量的通风换气，为猪创造空气新鲜，温、湿度适宜和清洁卫生的生活环境，以获得较高的日增重和饲料报酬。

（4）饲养密度。猪的饲养密度过大，往往会导致猪的咬斗、追逐等现象的发生，进而干扰猪的正常生长，使日增重下降，耗料量增加。育肥猪的饲养密度：体重 60 kg 以前每头猪以 0.5～0.6 m² 为宜，体重 60 kg 以后每头猪以 0.8～1.2 m² 为宜。

二、育肥猪的饲养管理

（一）育肥前的准备工作

（1）圈舍及周围环境的清洁与消毒。为避免育肥猪受到传染病和寄生虫病的侵袭，在进猪之前，应对猪舍及环境进行彻底的清扫消毒。具体方法是用 3% 的热火碱水喷洒消毒，也可用火焰喷射消毒，密闭式猪舍可采用福尔马林熏蒸消毒，围墙内外最好用 20% 的石灰乳粉刷，既可起到消毒作用，又美化了环境。

（2）选择好仔猪。仔猪的质量与育肥期增重速度、饲料利用率和发病率高低关系密切。因此，要选择杂交组合优良、体重较大、活泼健壮的仔猪育肥。一般可选用瘦肉型品种猪为父本的三元杂交仔猪育肥。

（3）去势。由于我国猪种性成熟早，在长期的养猪生产实践中，多采用去势后育肥。去势猪性情安定，食欲增强，增重速度加快，脂肪沉积增强，肉品质好。公猪去势一般在 1～2 周龄进行。国外瘦肉型猪品种，由于性成熟比较晚，小母猪可不去势育肥，小公猪因分泌雄性激素，有异味，影响肉品质，故小公猪应去势后育肥。

（4）驱虫。猪体内外寄生虫，不但摄取猪体内的营养，而且还会传播疾病。育肥猪感染的体内寄生虫主要有蛔虫、姜片吸虫等，体外寄生虫主要有疥螨和虱。育肥猪通常进行两次驱虫，第一次在 90 日龄，第二次在 135 日龄。驱除蛔虫常用驱虫净，每千克体重为 8 mg；丙硫苯咪唑，每千克体重为 10 ~ 20 mg，拌入饲料中一次喂服。疥螨和虱常用 0.025% ~ 0.050% 双甲脒溶液喷洒和涂擦，也可选用伊维菌素或阿维菌素处理。

（5）搞好免疫。为避免传染病的发生，保障育肥猪安全生产，必须按要求、按程序免疫接种。各地可根据当地疫病流行情况和本场实际，制定科学的免疫程序，特别是从集市购入的仔猪，进场时必须全部一次预防接种，并隔离观察 30 d 以上方可混群，以防传染病的传播，力争做到头头注射、个个免疫。

（6）合理分群。育肥猪一般都采取群饲。由于群体位次明显，常出现咬斗、抢食现象，影响增重。为提高生产效率，一般按品种、体重大小、采食速度、体质强弱等情况分群。分群时，采取"留弱不留强，拆多不拆少，夜并昼不并"的办法进行，并注意喷洒消毒药水等干扰猪的嗅觉，防止打架。并圈合群后，加强护理，尽量保持猪群相对稳定。

（二）选择适宜的育肥方式

（1）"直线"育肥方式。是按照猪的生长发育规律，让猪全期自由采食，给予丰富的营养，实行快速出栏的一种育肥方式。建议日粮营养水平：60 kg 以前每千克日粮含粗蛋白 16.4% ~ 19.0%，消化能 13.39 ~ 13.60 MJ；60 kg 以后每千克日粮含粗蛋白 14.5%，消化能 13.39 MJ。这是育肥猪在保证胴体品质符合要求的基础上，为尽可能缩短饲养时段而采用的方式。此方法养猪生长速度快，育肥期短，省饲料，效益高。

（2）"前高后低"育肥方式。育肥猪 60kg 以前骨骼和肌肉的生长速度快，60 kg 以后生长速度减缓，而脂肪的生长正好相反，特别是 60 kg 以后迅速上升。根据这一规律，育肥猪生产中，若既想追求高的生长速度，又要获得较高的胴体瘦肉率时，可采取前高后低的育肥方式。具体做法是 60 kg 以前采用高能量、高蛋白日粮，自由采食或分餐不限量饲喂，60 kg以后适当采取限饲，这样既不会严重影响肉猪的增重速度，又可减少脂肪的沉积。这是育肥猪在饲养时段符合要求的基础上，为尽可能提高胴体瘦肉率而采用的方式。

（三）适时出栏

育肥猪在不同日龄和体重出栏，其胴体瘦肉率不同。在一定范围内，瘦肉的绝对重量随体重增加而增加，但瘦肉率却逐渐下降。育肥猪上市时间，既要考虑育肥性能和市场对猪肉产品的要求，又要考虑生产者的经济效益。适宜的出栏时间通常用体重来表示。

（1）根据育肥性能和市场要求确定出栏时间。根据猪的生长发育规律，在一定条件下，育肥猪达到一定体重，出现增重高峰，在增重高峰过后出栏，可以显著提高育肥猪的经济效益。另外，出栏体重过大，胴体脂肪含量增加，瘦肉率下降。因此，育肥猪并不是体重越大出栏越好，应该选择饲料报酬高、瘦肉率高、肉脂品质令人满意的屠宰体重出栏为宜。

（2）以生产者的经济效益确定出栏时间。育肥猪日龄和体重不同，日增重、饲料报酬、屠宰率与胴体瘦肉率也不同。一般育肥猪体重在70 kg之前，日增重随体重的增加而提高，在70 kg之后到出栏90~110 kg，日增重维持在一定水平，以后逐渐下降。如果体重过大屠宰，随体重增加，屠宰率提高，但由于维持需要增多，饲料报酬下降，瘦肉率下降，不符合市场需要，同时经济效益也下降；如果体重过小出栏，猪的增重潜力没有得到充分发挥，经济上不合算。

第二章　鸡的规模化养殖技术

第一节　雏鸡的饲养管理

一、雏鸡的生理特点

（1）体温较低，调节机能不完善。雏鸡是指从出生到6周龄的小鸡。初生雏的体温较成年鸡低2~3℃，4日龄开始慢慢上升，到10日龄时达到成年鸡体温，到3周龄左右，体温调节机能逐渐趋于完善，7周龄以后才具有适应外界环境温度变化的能力。幼雏绒毛稀短，皮薄，早期自身难以御寒。因此，育雏期尤其是早期要特别注意保温防寒。

（2）生长迅速，机体代谢旺盛。蛋用雏2周龄体重约为初生时的2倍，6周龄为10倍，8周龄为15倍；以后随日龄增长而逐渐减慢生长速度。雏鸡代谢旺盛，饲料利用率高，耗氧量大。因此，雏鸡的培育既要重视营养的及时供应，又要保证良好的空气质量；另外，幼雏羽毛生长快、更换勤，要求日粮的蛋白质（尤其是含硫氨基酸）水平要高。

（3）消化力差，器官发育不全。幼雏胃肠容积小，进食量有限，消化腺也不发达（缺乏某些消化酶），肌胃研磨能力差，消化力弱。因此，要注意喂给纤维含量低、易消化的饲料，并且要少喂勤添。

（4）抵抗力弱，免疫机能较差。雏鸡出壳后母源抗体日渐衰减，10日龄开始产生自身抗体，3周龄时母源抗体又降至最低。由于雏鸡的抗体较少，这种现象不但导致雏鸡对各种疾病和不良环境的抵抗力弱，而且对营养物质缺乏或药物过量反应也很敏感。因此，做好雏鸡疫苗接种、药物防病、环境净化等工作，是提高雏鸡成活率的重要措施。

（5）易受惊吓，缺乏自卫能力。雏鸡应激反应敏感，各种异常声响、新奇颜色及猫、老鼠骚扰等不良刺激，都会引起鸡群骚乱不安、惊吓炸群或异常死亡，因此，育雏应环境安静，并预防猫、鼠等小动物的侵害。

二、雏鸡的饲养管理

（一）准备工作

（1）制订育雏计划。育雏前必须有完整周密的计划。育雏计划应包括饲养的品种、育雏数量、进雏日期、饲料准备、免疫及预防投药等内容。育雏数量应按实际需要与育雏舍容量、设备条件进行计算。进雏太多，饲养密度过大，影响鸡群发育。一般情况下，新母雏的需要量加上育雏育成期的死亡淘汰数，即为进雏数。

（2）确定育雏时间。育雏时间一般选择在2—3月为好，初夏、秋季次之，盛夏育雏效果最差。2—3月出壳的鸡又称早春鸡，具有较高的育种与经济价值，因为春季育雏气温好控制，自然光照与日俱增，只要加强饲养管理，雏鸡就能正常生长发育，疾病少，成活率高。到了中雏阶段正好赶上夏秋季节，户外活动时间长，体质强健，到达8—9月时又能保证绝大多数鸡产蛋，即使到了冬天也大都能继续产蛋，直到第二年秋天才换羽，产蛋时间可长达一年，且蛋重大，合格率高，孵出的雏鸡品质也好；而秋季育雏气候条件虽好，但在育成后期，光照时间长，性成熟提早，成年时的体重和所产蛋重也较小，且产蛋持续期短。

（3）育雏房舍准备。应做到清洁、保温、不透风、不漏雨、不潮湿、无鼠害。育雏前要彻底清扫地面、墙壁和天花板，然后洗刷地面、鸡笼和用具等，待晾干后，用2%的火碱喷洒；最后用高锰酸钾和福尔马林熏蒸，剂量为每立方米空间福尔马林 42 mL，高锰酸钾 21 g，配好消毒液，关闭门窗，熏蒸 24 h 以上；进雏前 1~2 d 应对育雏室进行预温处理，进雏后保证雏鸡各阶段所需要的温度条件。

（4）育雏用具准备。主要包括育雏伞、保温灯、食槽、饮水器、注射器、消毒器具、供温设施、通风设备及相应的饲料、药品、工作服、雏鸡筐等日常用具。

（二）育雏方式

（1）地面育雏。舍内利用地面来育雏的方式，最好为水泥地面，便于冲洗消毒。育雏前进行彻底消毒，再铺 20~25 cm 厚的垫料，垫料可以是锯末、麦草、谷壳、稻草等，要求干燥、卫生、柔软。地面育雏成本低，房舍利用率不高，雏鸡经常与粪便接触，易发生疾病。

（2）网上育雏。舍内利用网床而脱离地面育雏的方式，材料有铁丝网、塑料网，也可用木板条或竹竿，但以铁丝网最好。育雏网床的网孔大小以饲养育成鸡为标准，便于粪便下漏。育雏时可在网床面上铺一层小孔塑料网，待雏鸡日龄增大时，撤掉塑料网。一般网床距地面的高度随房舍高度而定，多以 60~100 cm 为宜，北方寒冷地区冬季可适当增加高度。网上育雏最大的优点是解决了粪便与鸡直接接触的问题。

（3）立体育雏。这是大中型鸡场常采用的一种育雏方式。立体笼一般分为 3~4 层，每层之间有盛粪板，四周外侧挂有料槽和水槽。立体育雏具有热源集中、容易保温、雏鸡成活率高、管理方便、单位面积饲养量大等优点，但笼架投资较多，上下层温差大，往往会造成鸡群发育不整齐等问题的发生。为了解决这一问题，可采取小日龄在上面 2~3 层集中饲养，待鸡稍大后，逐渐移到其他层饲养。

（三）雏鸡选择

雏鸡的选择首先应仔细观察其精神状态。一般情况下，健雏活泼好动，绒毛长短适中，羽毛清洁干净，眼大有神，腹部松软，卵黄收口完整，泄殖腔干净，腿脚无畸形，站立行走正常；弱雏缩头缩脑，羽毛凌乱不堪，泄殖腔处粘有粪便，卵黄吸收不全，站立行走困难。其次，健雏叫声清脆响亮，弱雏有气无力、嘶哑微弱。用手触摸时，健雏握在手中有弹性，努力挣扎，鸡爪及身体有温暖感；弱雏则手感发凉，轻飘无力。最后，选择雏鸡时，还应当事先了解种鸡群的健康状况，雏鸡的出壳时间和整批雏鸡的孵化率。一般来说，来源于高产健康种鸡群的种蛋，出壳正常，孵化率高，健雏多，而来源于患病鸡群的种蛋，出壳过早或过晚，健雏少。

（四）饲养管理

1. 满足雏鸡的饮水需要

雏鸡饲养应遵守先饮水后开食的基本原则。初饮时控制好水温，不能直接饮用凉水，最好是温开水。为使所有雏鸡都能尽早饮水，应进行诱导，可用手轻轻握住雏鸡身体，食指轻按头部，使喙进入水中，稍停片刻，松开食指，使雏鸡仰头将水咽下，经过个别诱导，雏鸡很快相互模仿，普遍饮水。随着雏鸡日龄的增加，逐渐更换饮水器的大小和型号，配置数量要充足，且要定期进行清洗和消毒。育雏第一周最好饮用温开水，要求水中适当加一些抗应激药物，以促进雏鸡健康生长。例如，雏鸡饮水中加葡萄糖和维生素 C 可防止应激，明显提高成活率。同时，在水中添加抗生素还可预防白痢等病的发生。使用水槽时，每只雏鸡要有 2 cm 的槽位和足够的光照。断水会使雏鸡因干渴抢水而发生挤压，造成损伤。所以，在整个育雏期内，要保证全天供水。雏鸡充分饮水 1~2 h 后再开食。

2. 设计合理的开食方法

雏鸡的第一次饲喂称开食。一般来说，出壳后 24~36 h 开食，具体方法以顿饲不限量为好。雏鸡的开食料应合理配制，每天的饲喂量根据体重要求和鸡群的实际表现来确定。1~2周每天喂5~6次，3~4周每天喂4~5次，5周以后每天喂3~4次，必要时可自由采食。具体饲喂时可直接将干料撒在开食盘或雏鸡食槽内，任其采食，也可将料拌湿，以抓到手中成团，放在地上散成粉为宜，以增加适口性；随着雏鸡日龄的增加，由于鸡的活动范围不断增大，7~10日龄后，应逐步过渡到料桶或料槽饲喂。同时，提高采食面的高度使之与鸡背高度相仿，以免挑食和抛食；为防止雏鸡的营养性腹泻（糊肛），开食时，每只雏鸡可喂1~2g碎玉米粒。也可添加少量酵母粉以帮助消化。雏鸡饲养后期，为促进消化，有条件时可添喂沙砾，一般在鸡舍内均匀放置几个沙砾盆，供鸡自由采用。

3. 做好疫病的综合防控

雏鸡生长周期短，饲养密度大，任何疾病一旦发生，都会造成严重损失。因此，要制定严格的卫生防疫措施，搞好疾病防治。主要措施有实行"全进全出"的饲养模式，建立严格的卫生消毒制度，制定合理的免疫程序，定期进行预防性投药和加强饲养管理等。

4. 细化雏鸡的日常管理

雏鸡的日常管理主要是认真观察雏鸡的采食、饮水、运动、睡眠及粪便等方面的表现，及时了解饲料搭配是否合理，采食是否正常，环境是否适宜，健康是否良好、免疫是否完整、生长是否正常等，并以此为据，合理调整育雏方案。

（1）日常观察。主要观察采食、饮水、温度和粪尿的表现。健康鸡食欲旺盛，饮水量正常，晚检嗉囊饱满，早检嗉囊较空；如果发现雏鸡食欲下降，剩料较多，如无其他原因，应考虑是否患病；有时舍内温度过高，可能会导致饮水量增加。

观察粪便可在早晨进行，若粪便稀，可能是饮水过多、消化不良或受凉所致；若排出红色或带肉质黏膜的粪便，一般是球虫病的症状；若排出白色稀粪，且黏于泄殖腔周围，一般是白痢的表现，应及时作出处理。

（2）密度调整。饲养密度即单位面积能容纳的雏鸡数量。密度过大，鸡群采食时相互挤压，采食不均匀，雏鸡的大小也不均匀，生长发育受到影响；密度过小，设备及空间的利用率低，生产成本高。所以，饲养密度必须适宜。

（3）定期称重。为了掌握雏鸡的生长发育情况，应定期随机抽测5%左右的雏鸡体重与本品种标准体重比较，如果有明显差别时，应及时修订饲养管理方案。一般在开食前称重一次，育雏阶段可每周末随机抽测50~100只鸡的体重。称重结果若低于标准，应认真分析原因并解决。

（4）及时分群。通过观察和称重可以了解雏鸡的生长发育及其整齐度情况。鸡群的整齐度用均匀度表示，即用进入平均体重±10%范围内的鸡数占总测鸡数的百分比来表示。均匀度大于80%，则认为整齐度好，若小于70%则认为整齐度差。为了提高鸡群的整齐度，应按体重大小分群饲养。可结合断喙、疫苗接种及转群进行。体重过小或过大个体单独组群饲养，其他雏鸡大群饲养，整齐度高，便于饲养管理。

（5）适时断喙。雏鸡的断喙适宜时间为7~10日龄，一般使用专用断喙器。断喙时，左手握住雏鸡，右手拇指与食指压住鸡头，将喙插入刀孔，切去上喙1/2，下喙1/3，做到上短下长，切后在刀片上灼烙2~3 s，以利止血。为防止断喙时雏鸡的应激危害，断喙前应检查雏鸡的状况，达不到日龄、体质不佳及有其他异常反常的可不断喙；断喙的雏鸡可在饲料或饮水中，添加维生素C、维生素K、葡萄糖等抗应激药物，并加强饲养管理。

（6）做好记录。育雏期应每天记录雏鸡死亡数、淘汰数、周转数、耗料量及免疫接种、药物使用，体重抽测，环境条件等方面的资料，为更好地改进育雏方案提供依据。

（7）合理运输。雏鸡的运输是一项重要工作，稍有不慎就可能对生产造成巨大损失，有些雏鸡本来很强壮，运输中管理不当，就会变成弱雏，严重时，会造成雏鸡大量死亡。雏鸡的运输，应根据具体情况选择飞机、火车、汽车、船舶等，装鸡时最好使用一次性专用运雏盒，但每次使用后都要认真清洗消毒；雏盒周围应有透气孔，内部最好隔成四个部分，每个部分装 20~30 只雏鸡，每盒装 80~120 只，雏盒底部最好铺吸水性强的垫纸；运输时雏鸡盒要摆放平稳，重叠不宜过高，以免太重而相互挤压，使雏鸡受损；运输过程中要定期观察雏鸡情况，当发现雏鸡张嘴喘息、绒毛较湿时，温度可能太高，应及时倒换雏盒的上下、左右、前后位置，以利通风散热；雏鸡不同季节的运输有不同要求，一般最适宜的温度为 22~24℃。夏季运输防闷热，最好避开高温时间，早晚运输较好。冬季运输防寒冷，尽管气温低，但只要避免冷风直吹，适当保温，运输也比较安全。

5. 肉用仔鸡的饲养管理

肉用雏鸡出壳重 40 g 左右，饲养 56 d 体重可达 2 500 g 以上，为出生重的 60 多倍，生长速度快，生产周期短、周转快。料肉比一般为（2.2~2.3）：1，饲养条件好的可达（2.0~2.1）：1，饲料转化率高，8 周龄可达到上市标准；肉用雏鸡性情安静，体质强健，大群饲养很少出现打斗现象，具有良好的群居习性，不仅生长快，而且均匀、整齐适于大群高密度饲养；肉用仔鸡的出栏，应随时根据市场行情进行成本核算，在有利可盈的情况下，提倡提早出售。目前，我国饲养的肉仔鸡一般公母混养，6 周龄左右体重达 2 kg 以上时即可出栏。

三、育雏舍饲养管理岗位操作程序

（一）工作目标

（1）提供体重均匀、活泼健康的雏鸡。

（2）育雏期（42 日龄）成活率 98.5%以上。

（3）雏鸡第 6 周龄末体重要求达到该品种的标准体重±5%。

（二）工作日程

7：00 水箱上水，加消毒药，更换消毒池，清扫消毒宿舍、操作间及外环境。

7：30 检查，调整水线，更换坏灯泡。

8：00 开灯，给水，喂料。

8：30 清扫鸡毛，捡死鸡。

10：00 带鸡消毒（每周 2 次）

11：00 喂料。

15：00 喂料，巡视鸡舍。

16：00 关灯，填写报表。

（三）岗位技术规范

1. 育雏舍准备

（1）清洗。将鸡舍内杂物、料槽、料斗、饮水器、粪盘等用具移至舍外清洗干净，用清水冲洗鸡舍，清除所有粪便、粉尘、鸡毛等。

（2）检修。鸡舍彻底清洗后，检修饮水、光照、保温、通风系统及笼具等。

（3）消毒。先使用不同的消毒液消毒 3 次，每次间隔时间 2~3 d，之后将料槽、料斗、饮水器、粪盘等用具移至舍内，安装设备，检修线路和用电设施，最后封闭本育雏舍，用福尔马林熏蒸一次，在进苗前 3 d 打开通风。

（4）空栏时间。不低于 15 d。

2. 进苗前准备

（1）饲料、药品准备。雏鸡料、白痢预防用药、消毒液、维生素、葡萄糖等。

（2）准备好各种已严格消毒的生产用具饮水器、饲料车、扫帚、水盆、水桶、料铲、喷枪、秤、保温灯、光管、温度计等；同时使用热水保温的鸡舍准备好充足的煤炭，以保证保温供应。

（3）生产报表准备。日报表、周报表、称重簿、饲料库存表等。

（4）做好育雏舍的预温工作。开启保温炉，开启自动控温装置；鸡舍控温仪温度调至33~34℃，要注意控温仪的探头放在从地面向上数的第二层处。每组育雏笼中间层放一只温度计，挂在每层发热管外30~40 cm处，使育雏笼上三层保温区的温度达到32~33℃为宜，冬天温度不够，可以在保温区加盖毛毯等。

3. 进苗

（1）点数、放鸡。鸡苗点数验收后放入育雏笼，根据育雏笼数量和进苗数量，分配好每层笼饲养的鸡数，育雏前10 d，最下层不放雏鸡。

（2）开饮。饮水器加入5%葡萄糖给雏鸡饮用（有条件的，前7 d使用凉开水），饮水器按照每40~50只鸡配置一个。

（3）开食。开饮2 h后，用小料斗开始加料，可在饲料中添加适量的多种维生素，小料斗按照每30~40只鸡配置一个。

4. 育雏管理

（1）温度控制。1~3 d，33~35℃；4~7 d，32~33℃，以后每周温度下调2~3℃直至自然温度。每天上午、下午和晚上观察3次室温变化和鸡群状况，并做好温度记录。

（2）通风。育雏开始3~5 d后鸡舍要适时采用抽风机进行通风，2周后根据当时的天气情况，可以增加开窗通风方式，降低空气中有害气体浓度，保持舍内空气良好。

（3）光照。第1周24h光照，从第2周开始逐步过渡为自然光照，特别注意舍内灯管最好安装在两组笼中间的吊顶上，使全部鸡笼有充足光照。

（4）密度。分群后饲养密度小于 40 只/m²。

（5）清粪。根据雏鸡周龄和品种而定，每隔 2~3 d 清粪一次。

（6）饮水管理：1~6 d 用钟式饮水器，7~10 d 过渡到用乳头式饮水管。乳头式饮水管分高中低三层，15 d 前将水管放于最下层；16~25 d 将水管放于中间层；26 d 以后将水管放于最上层。

（7）喂料。1~7 d 用料斗喂料，8~12 d 过渡到料槽喂料，1~2 周龄每天喂料 4 次，以后每天喂料 3 次，直到转群。

（8）添加预防白痢的药物。1~4 d 使用敏感药物添加于上午的饮水中，供鸡群饮用，在 7 日龄评估白痢控制效果，根据效果再决定是否需要重复用药一次。

（9）注意观察鸡群状况。观察鸡群的生长发育、粪便情况、采食情况、饮水情况、呼吸情况、精神状况，发现病鸡及时隔离护理与治疗，发病严重或原因不明时及时上报。每天将死鸡作无害化处理；跑出笼的鸡只要及时捉回笼内。

（10）饲料选择。母鸡前 4 周使用育雏料；5~6 周龄根据品种和鸡群的体重情况，选择育雏料或过渡后备料。每次转料过渡时间为 5~7 d；公鸡换料时间可以推迟到 7 周龄。

（11）抽测体重。每周周末抽称体重，在不同仓和层数随机抽称，每次抽称比例为 3%~5%。

（12）扩群、分群。在 10~15 日龄期间，疫苗免疫时将鸡群扩群到最下面一层，在扩群同时可进行鸡群的重新分群，从体形上将大小鸡分开饲养，以后做疫苗免疫时也可进行分群工作。

（13）断喙。断喙时间为第一次在 7~15 日龄进行，第二次在 8 周龄前后进行，断喙需要错开免疫时间，减少鸡群应激。

（14）卫生消毒。每天清扫一次地面，整理好舍内和工作间的用具，保持舍内卫生整洁；每天使用喷枪对地面消毒一次，

10 日龄后，带鸡消毒。

（15）隔离饲养。育雏前 2 周禁止育雏舍饲养员到其他鸡舍做工，严禁其他舍饲养员到育雏舍串舍。因免疫等工作需要，其他鸡舍饲养员到育雏舍，应在早上更换工作服后直接去育雏舍做工后，再回到其本鸡舍，减少雏鸡感染疾病概率。

（16）做好生产报表登记工作。按报表要求完整、准确、整洁地填写。将每天鸡群的进料、耗料、存料、鸡群数目变动情况、温度、鸡群周末体重抽称、用药情况等填写好"种鸡场生产日报表""种鸡场生产周报表""饲料库存记录表"等相关报表。

第二节　育成鸡的饲养管理

育成鸡一般是指 7~18 周龄的鸡。育成期的培育目标是鸡的体重体型符合本品种或品系的要求；群体整齐，均匀度在 80% 以上；性成熟一致，符合正常的生长曲线；良好的健康状况，适时开产，即在 20~22 周龄鸡群产蛋率达 50%，并在产蛋期发挥其遗传因素所赋予的生产性能，育成率应达 94%~96% 以上。

一、育成鸡的生理特点

（1）体温调节能力加强，生活力好。育成鸡随着体重的加大，羽毛逐渐变得丰厚，对外界环境的适应能力和疾病的抵抗能力明显增强。

（2）饲料利用能力提高，消化力强。育成鸡随着日龄的加大，消化器官的发育明显加快，消化能力也不断增强。这一阶段，育成鸡对麸皮、草粉等饲料可以较好地利用，饲料中还可适当增加粗饲料。

（3）骨骼肌肉发育迅速，增重较快。育成鸡骨骼和肌肉处于旺盛的生长时期，这一时期，鸡体重增加较快，整个育成期体重增幅很大，但增重速度不如雏鸡快。如轻型蛋鸡18周龄的体重达到成年体重的75%。

（4）生殖器官发育加快，开产来临。10周龄以后，母鸡的生殖系统发育较快，在光照和日粮方面可加以控制，蛋白质水平不宜过高，含钙不宜过多，否则会出现性成熟提前而早产，影响产蛋性能的充分发挥。

二、育成鸡的饲养方法

（一）确定合适的饲养密度

育成鸡的饲养方式主要有地面平养、网上平养和笼养等，为保证育成鸡良好的体型发育和结实体质，要求控制合理的饲养密度。

（二）控制合理的营养水平

为了保证育成鸡生殖系统正常发育，促进骨骼和肌肉良好生长，并具备良好的繁殖体况和适时开产，育成鸡应随日龄的增加，逐渐降低能量、蛋白质等供给水平，保证维生素、矿物质及微量元素的供给。日粮营养水平的控制一般为：7～14周龄代谢能11.49 MJ/kg，粗蛋白15%～16%；15～18周龄代谢能11.28 MJ/kg，粗蛋白14%。应当强调的是，在降低蛋白质和能量水平时，应保证必需氨基酸，尤其是限制性氨基酸的供给，钙磷比例保持在（1.2～1.5）∶1，同时要确保饲料中维生素、微量元素的均衡供应。为改善消化机能，育成鸡也可按饲料量的0.5%饲喂沙砾。

（三）采用正确的饲喂方法

育成鸡的理想饲喂方法是限制饲养。通过限制饲喂，可控制后备种鸡的体重快速增长，利于控制适宜的开产日龄和延长产蛋期。一般可使开产日龄推迟10～40 d，即从9周龄开始，公、母鸡分开每周称重一次，每次随机抽取全群总数的2%～5%

或每栋鸡舍抽取不少于 50 只鸡；然后与标准体重对比，如果鸡体重未达标，则应增加饲喂量，延长采食时间或增加饲料中的能量、蛋白质水平，甚至延长育雏料（育雏料中能量、蛋白质含量较高）饲喂周龄直至体重达标为止。如体重超标，则应进行限制饲喂。

三、育成鸡的日常管理

1. 重视初期管理

雏鸡转入育成舍之前，鸡舍必须彻底清扫、冲洗和熏蒸消毒，之后密闭空置 3～5 d 后进行转群。转入初期应做好如下工作。

（1）增加光照。转群第一天应 24 h 光照。转群前做到水、料齐备，环境条件适宜，确保育成鸡进入新鸡舍时，能迅速熟悉新环境，尽量减少因转群而造成的不良应激反应。

（2）补充舍温。寒冷季节转群应补充舍内温度，要求与转群前的温度相近或高 1℃左右。

（3）整理鸡群。转入育成舍后，要检查每笼的鸡数，使每笼鸡数符合饲养密度要求，同时清点鸡数，便于管理。清点时剔除体小、伤残、发育差的鸡，另行饲养或处理。

（4）及时换料。从育雏期到育成期，饲料的更换应有适应过程，一般以 1 周时间为宜。从 7 周龄的第 1～2 天，用 2/3 的育雏料和 1/3 的育成料混合喂给；第 3～4 天，用 1/2 的育雏料和 1/2 的育成料混合喂给；第 5～6 天，用 1/3 的育雏料和 2/3 的育成料混合喂给，以后饲喂育成料。

2. 合理安排光照

育成鸡 10～12 周龄性器官开始发育，此时光照对育成鸡的作用很大，因为光照时间的长短，会显著影响性成熟的时间。若在较长或渐长的光照下，性成熟提前，反之性成熟推迟。育成期的光照原则为：绝不能延长光照时间，以每天 8~9 h 为宜，强度以 5~10 lx 为好。

3. 严格卫生防疫

为了保证鸡群健康发育，防止疾病发生，除按期接种疫苗、预防性投药、驱虫外，应注意加强日常卫生管理，经常清扫鸡舍，更换垫料，加强通风换气，疏散密度，严格消毒等。

4. 精心观察护理

每日仔细观察育成阶段鸡群的采食、饮水、排粪、精神状态、外观表现等，发现问题，及时解决。

5. 尽量减少应激

育成鸡的饲养要保持环境安静，防止噪声，切勿经常变动饲养人员、饲料配方、饲喂程序和环境条件。各个管理环节保持相对稳定，不得随意变更，不要轻易转群和抓鸡。

6. 称测体重体尺

育成鸡良好的骨架发育是维持产蛋期间高产能力及形成优良蛋壳的必要条件，若骨架小而相对体重大者，表示鸡肥胖，产蛋表现不会很理想。育成鸡体型发育规律为前段（56 日龄以前）着重于骨架的发育，后段（56 日龄以后）着重于体重的增长。根据此规律，应认真做好育成鸡在骨架发育阶段的饲养管理。为了掌握育成鸡的生长发育情况，应定期随机抽取育成鸡数量的 2%~5%，称测体重和胫长，并与本品种标准比较，如发现有较大差别时，应及时修订饲养管理措施，为培育整齐度高、健壮、高产的种鸡，提供参考依据。

7. 淘汰病、弱鸡

育成期集中安排两次鸡的挑选和淘汰。第一次在 8 周龄左右，选留健壮结实、羽毛丰润、体重达标和发育良好的个体。淘汰个体弱小或有残疾的个体；第二次在 17~18 周龄，结合转群时进行。要求挑选外貌结构良好、品种特征明显、生长发育正常的个体，淘汰外貌发育较差、体重不达标及过于消瘦的个体。断喙不良的鸡在转群时也应重新修整，同时还应配有专人计数。

8. 完善记录资料

育成鸡的日常管理，应记录育成鸡的死亡数、淘汰数、周转数、各批鸡日耗料量、免疫接种、用药情况、体重抽测情况及环境条件变化等资料，为培育合格的育成鸡提供参考依据。

四、育成鸡舍饲养管理岗位操作程序

（一）工作目标

（1）育成期满18周龄时育成率应达到94%~96%。

（2）育成期满18周龄时体重、体型达到本品种标准。

（3）育成期要求鸡群整齐一致，有80%以上鸡只的体重与胫长在本品种标准体重和胫长的±10%范围内。

（二）工作日程

7：00 水箱上水，加消毒药，更换消毒池，清扫消毒鸡舍、操作间及外环境。

7：30 鸡舍给水。

8：00 开灯，检查，调整水线，更换坏灯泡，鸡舍加湿。

9：00 喂料，清扫鸡毛，捡死鸡。

10：00 带鸡消毒（每周两次）。

13：00 更换坏乳头，鸡舍加湿。

14：30 巡视鸡舍，备料。

16：00 关灯，填写报表。

（三）岗位技术规范

1. 转群

（1）鸡舍清洗。将空栏育成鸡舍彻底清洗干净，要求做到

无粪便、无鸡毛、无饲料、无污物等，水线使用浸泡冲洗的方式冲洗干净。

（2）设备维修。鸡舍清洗干净后，进行必要的设备维修。

（3）消毒。鸡舍维修好后，将本舍使用的用具放入鸡舍，进行全面消毒 3 次以上，每次间隔 2~3 d，消毒好的鸡舍封闭，并要求空栏 2 周以上。

（4）转入鸡群前准备。备好饲料、药品、饮水等。

（5）鸡群转入。根据季节和品种不同，一般夏季在 4~5 周龄时进行；冬季在 5~6 周龄时进行。转群前后 3 d 使用复合维生素或抗应激药物。转群安排在早上或晚上进行；把转群人员分成捉鸡、运鸡、放鸡 3 组，各组密切配合；转群过程要求轻拿轻放，每笼数量要适度，防止闷死鸡；转群后认真检查引水器乳头，防止出现缺水；转群后第 2 天要将各笼中的鸡数调均匀。

公鸡采用地面平养的鸡场，先将后备公鸡一并转入育成舍，待进行第一选种后，再将选留的种公鸡转到公鸡舍饲养。

（6）鸡群转出育成舍。鸡群转出最佳时间安排在 15~16 周龄，方法参照鸡群转入。

2. 饲养管理

（1）选种。第一次选种：选种时间安排在 6 周龄，挑出残次鸡、错鉴别个体以及体型外貌明显不符合品种要求的个体，并与称重时特小个体一起淘汰。公鸡同时进行第一次初选。第二次选种：选种时间安排在 11~12 周龄，根据选种要求，淘汰公、母鸡中体型外貌不合格的个体。

（2）称重分群。一般进行 2~3 次，第一次安排在 6~7 周龄，将鸡群分为特大、大、中、小、特小五大类。

（3）饲养密度。育成前期放 6~7 只/笼，育成中后期调整为 5~6 只/笼；公鸡育成前期放 2~3 只/笼，后期放 1~2 只/笼。

（4）各类鸡的限制力度控制。大鸡类 7~14 周龄严格限制，中鸡类 8~14 周龄严格限制，小鸡类 9~14 周龄严格限制，15 周龄以后放宽限制力度。

公鸡的限饲：大体型品种，后备公鸡自由采食到第一次选种，以后根据推荐的料量饲养，育成期间不做严格的限制；小体型品种，后备公鸡自由采食到 10~11 周龄限制。

（5）料量控制。开产体重在 2 000 g 左右的品种，前 5 周采用自由采食，从 6 周龄开始控制料量；开产体重在 1 300 g 左右的品种，前 6 周或前 7 周采用自由采食，从 7 周龄或 8 周龄开始控制料量。严格限饲期间，喂料量需保持稳定并小幅上升，每周料量增加 1~2 g，如体重超标比较多，则维持上周料量，不能降低；母鸡可采用分级喂料方式，以中鸡料量为基准，大鸡减少料量，小鸡增加料量，每级料量差异不超过 3~4 g；15 周龄后各类鸡群使用合理料量，保证鸡群充分生长。

（6）停料方法。母鸡 7~8 周龄采用六一或五二限饲，9~15 周龄采用隔日、四三或五二限饲，16~18 周龄采用五二或六一限饲；公鸡采用每天饲喂或六一停料。

（7）喂料、匀料。要求尽量做到称料喂鸡，准确投放料量，每天的喂料时间应相对固定，每次喂料时间控制在 1.5 h 内完成；喂料后 1 h 需进行一次匀料，其后根据采食情况，再安排恰当的匀料次数，要求料槽中饲料分布均匀，同一条料槽各处鸡采食完饲料时间达到同步。

（8）体重监控。每周周末早上空腹抽称，抽称比例为 3%~5%，要求定笼抽称，当天计算好体重均匀度，并参照指标做好下一周的料量计划；如鸡群体重数据需要参与员工考评，则定笼抽称改为随机抽称，抽称比例为 5%；公鸡因数量少，抽称比例应达到 10% 以上。

（9）舍内温度与通风控制。育成鸡最适宜温度范围为 15~28℃，每栋育成舍应挂一个温度计，经常观察舍温变化，当舍温超过 30℃ 时应及时采取开风扇、风机等降温措施，当鸡舍温度低于 15℃ 时应采取保温措施；同时保持鸡舍内空气良好，减少空气中有害气体浓度，空气混浊时，以加强通风为主。

（10）光照管理。育成前中期不能增加光照时间。逆季开产鸡群可采用自然光照，顺季开产鸡群最好采用恒定 8 h/d 光照制度为宜；采用人工加光的鸡舍，光照强度为 5~10 lx；无遮黑饲养条件的种鸡场应采用牵拉简易遮光网等措施，降低舍内光照强度，减少光照对鸡群的影响。

（11）鸡群体重均匀度的要求。育成前中期的体重均匀度要求达到 80% 以上。

（12）清粪。间隔 3~5 d 清粪一次，具体间隔时间根据舍内的空气质量而定。

（13）修喙。在育成前期对部分断喙不合格的个体进行补修一次。

（14）卫生。每天喂料后，清扫水管、地面一次，整理好工作间的用具，使其摆放整齐有序；每周冲洗水管、水箱一次；每半月清扫鸡笼、墙壁、吊顶、横隔、风机、进风口一次，并擦一次灯具；每月擦洗水管一次。保持舍内卫生、整洁。

（15）日常鸡群的状态检查。粪便情况、采食情况、呼吸情况，发现病鸡及时隔离护理与治疗，发病严重或原因不明时立即上报。

（16）报表填写。每天准确填写用料量、存栏情况等数据，并交场办公室汇总。

第三节　种公鸡的饲养管理

一、饲养目标

公鸡的外生殖器官不很发达，交配时依靠较长的腿胫和平坦的胸部，使双脚可以很稳地抓紧母鸡背部，并贴近前身将尾部弯下，便于把精液准确地输入母鸡泄殖腔的阴道口。腿胫较短和胸部丰满的公鸡，交配时很容易从母鸡背上滑落、抓伤母鸡和不能准确输精。因此，种公鸡的选育标准是腿胫长、平胸、雄性特征明显，体重比母鸡大30%左右，行走时龙骨与地面呈45°角为好。同时，要求种公鸡体质健壮、羽毛丰满、体型良好、膘情适中，配种能力强，精液品质好。

二、饲养方法

（一）0~20周龄的饲养管理

1.0~6周龄的饲养管理

这一阶段种公鸡不限饲而自由采食，目的是让其具有较长的腿胫发育。因为8周龄后鸡腿胫的生长速度会减缓。

（1）使用育雏料，饲料中的营养水平可保持在粗蛋白18%、能量11.7 MJ/kg左右。

（2）要求1日龄剪冠断趾，7~8日龄断喙。公鸡的喙要比母鸡留得长，烧掉喙尖即可，如果断喙过多会影响交配能力。

（3）断喙前3 d饲料中添加多种维生素和维生素K，以防止鸡群应激和喙部流血。

（4）食槽料厚应适当增加，防止因断喙疼痛而影响采食。

（5）鸡群密度适当，槽位充足，以免强弱采食不均，造成鸡群均匀度差，弱小公鸡太多。

（6）1~3日龄采用24 h光照，白天关灯1~2次，每次5~10 min，让鸡适应黑暗的环境；4~9日龄光照22 h，8日龄后每天递减0.5 h，过渡到自然光照，以提高鸡群的采食量，充分发挥鸡群早期生长优势。

（7）4周龄时抽测体重，要求均匀度达到85%以上，公鸡体重达到同批日龄母鸡体重的1.5倍。均匀度差的鸡群按体重分群，小鸡群增料10%~20%。

（8）5~6周龄时对公鸡进行第一次选留，淘汰体重过小、毛色杂、发育不良、健康状况不好的公鸡，公、母鸡留种比例为（15~17）：100。

选种之前不实施限饲，否则会降低日后商品化肉鸡的生长性能。

2. 7~20周龄的饲养管理

这一阶段的种公鸡采用限饲的方法，使胸部过多的肌肉减少，龙骨抬高，促进腿部发育，降低体内脂肪含量。

（1）使用育成料，营养水平可保持在粗蛋白含量15%，能量11.63 MJ/kg左右，使体重恢复到标准或高于标准范围10%以内。注意不要限饲过度，否则会造成公鸡体重太轻，增重不足，会影响公鸡生殖器官的发育。

（2）种公鸡性成熟要比母鸡性成熟稍早，这一阶段公鸡舍光照应比母鸡舍增加2 h/d，否则混群后，未性成熟的公鸡会受到性成熟母鸡的攻击，而出现公鸡终身受精率低下的现象。

（3）19周龄对公鸡群进行第二次选留，选择鸡冠红润、眼睛明亮有神、羽毛有光泽、行动灵活、腿部修长有力、龙骨与地面呈45°、胸部平坦、体重是母鸡1.4倍左右的健壮公鸡，选留比例（12~13）：100。

（二）21~66周龄的饲养管理

第20周龄时公母鸡混舍饲养，分隔饲喂，可先把公鸡转入鸡舍再转母鸡群。

1. 配种前期（21~45周）

这一阶段饲养管理的重点是适当限饲，确保稳定增重、肥瘦适中、使性成熟与体成熟同步。

（1）鸡群全群称重，要求按体重大、中、小分群，饲养时注意保持各鸡群的均匀度。

（2）混养后在自动喂料机食槽上加装鸡栅，供母鸡采食，使头部较大的公鸡不能采食母鸡料，公鸡的料桶高45~50 cm，使母鸡不能采食公鸡料。

（3）23~25 周龄公鸡增重较快，以后逐渐减慢，睾丸和性器官 30 周龄时发育成熟，此阶段要求各周龄的体重必须在饲养标准范围。体重太轻，会使公鸡营养不良，影响精液品质；体重过重，会使公鸡性欲下降，脚趾变形，不能正常交配，而且交配时会损伤母鸡。

2. 配种后期（46~66 周）

配种前期的种公鸡睾丸充分发育，受精率达到高峰；45 周龄左右睾丸开始衰退变小，精子活力降低，精液品质和受精率下降。由于下降的速度与公鸡的营养状况、饲养管理条件有关。这一阶段饲养管理的重点是改进种公鸡饲养品质，以提高种蛋的受精率。

（1）种公鸡料中每吨饲料添加蛋氨酸 100 g、赖氨酸 100 g、多种维生素 150 g、氯化胆碱 200 g。有条件的鸡场还可以添加胡萝卜，以提高种公鸡精液品质。

（2）淘汰体重过大、脚趾变形、趾瘤、跛行的公鸡，及时补充后备公鸡，补充后的公母比例保持在（12~13）：100。要求后备公鸡应占公鸡总数的 1/3，后备公鸡与老龄公鸡相差 20~25 周龄为宜。

综上所述，只有了解种公鸡各阶段的生理特点和生活习性，才能制定科学的饲养管理方法，进而充分发挥种公鸡的遗传潜力，提高种蛋受精率和经济效益。

三、种公鸡舍人工采精岗位操作程序

（1）用手把公鸡捉出鸡笼外，捉放鸡时不能粗暴对待公鸡。

（2）采精人员坐在小凳上，把公鸡的双脚放在左腿上，再把右腿搭在左腿上，采精员的双腿能够牢牢地夹住公鸡的双脚，把公鸡固定。

（3）右手从吸精人员的手中接过采精杯，并用中指和无名指夹住。伸直手指，使食指压住公鸡耻骨凹入处，使集精杯靠在泄殖腔的斜下方。这时集精杯不能对着泄殖腔的正下方，以免有粪便排出掉进集精杯中。

（4）用左手的拇指和食指轻轻按摩公鸡两侧肋骨凹陷处，并且一边按摩一边向泄殖腔方向移动，移动过程中稍微向下用力压。

（5）当左手移动到接近泄殖腔处，公鸡的生殖突起就会显露出来，这时拇指和食指稍微用力按着生殖突起的皮肤，形成对生殖突起的一定压力，当流出少部分精液后，把集精杯对着生殖突起，让精液流入集精杯中。每只公鸡每次采精以 2 次为宜。

（6）每采一只鸡，吸精人员应用吸管插进集精杯底吸起精液，再把吸管口斜靠试管内壁，挤压吸管头部，使精液慢慢地流入集精试管中。挤完精液后用握着试管的左手的拇指按住试管口，防止灰尘掉入污染精液。

（7）当集精试管装至一半和装完时各进行冲匀精液 1 次。

（8）采精频率隔 1 d 采精 1 次或采 2 d 停一天模式。

（9）采精时不要让粪便和其他异物掉进集精杯中；吸精过程中要细心观察精液，看是否有异物，若有就要把它弃掉；颜色异常的，如黄褐色、粉红色、有白色絮状物等精液也应弃用。

第四节 种母鸡的饲养管理

饲养种母鸡的目的，是为了提供优质的种蛋和种雏。因此，种母鸡饲养管理的重点应放在始终保持种鸡具有健康良好的种用体况和旺盛的繁殖能力上，以确保生产尽可能多的合格种蛋，并保持高的种蛋受精率、孵化率和健雏率。

一、饲养技术

（1）遵循饲养标准和规范。种母鸡的饲养管理和产蛋鸡的饲养管理大致相同，可参考产蛋鸡的饲养管理执行相关的技术。要求高度重视相应的饲养标准和技术规范。

（2）控制理想的饲养密度。种母鸡的饲养密度比商品鸡小，便于活动和锻炼体质。条件许可时，随着日龄的增加逐渐降低饲养密度，并于接种疫苗时仔细观察，调整鸡群，强弱分饲。

（3）认真做好种鸡的防疫。种鸡生产不同于商品生产，除要求适宜的环境条件外，更应该强调严密的卫生防疫工作。

（4）维持适宜的配种体重。现代鸡种均有其能最大限度发挥种用价值的标准体重，也就是最适宜的繁殖体况。特别是种母鸡在育成阶段和生产种蛋的各个时期，必须强调适宜的体重和良好的均匀度。

（5）安排合理的公母比例。种鸡的主要任务是产生合格的种蛋和孵化优秀的种用鸡苗。一般情况下，本交时的公、母比例为1：（10~12）；人工授精时的公母比例为1：（20~30）。

（6）控制适宜的开产日龄。种鸡开产过早，蛋重小，蛋形不规则，受精率低。早产易引起早衰，也会影响整个产蛋期种蛋的数量。因此，必须在种鸡生长阶段通过控制光照、限制饲喂以控制合适的开产日龄。

（7）加强种群的净化管理。种鸡群要对一些可以通过种蛋垂直感染的疾病（如白痢）进行检疫和净化工作。通过检疫淘汰阳性个体，可大大提高种群的健康水平，检疫工作要年年进行才能有效。

二、母鸡舍人工输精岗位操作程序

（一）翻肛

（1）打开母鸡笼，从母鸡后面用右手握住母鸡双脚，把母鸡尾部拉出鸡笼外，让母鸡下腹卡在笼门口，右手稍用力将母鸡的双脚向外拉，左手拨开母鸡泄殖腔处羽毛，食指在泄殖腔上方压住，拇指在泄殖腔下方按压，使母鸡的泄殖腔显露出来。

（2）翻肛动作要快，食指和拇指用力要均匀，翻出的肛要圆滑、饱满，翻出的肛不能过高，也不能翻得过小，要易于输精。

（二）输精

（1）输精人员左手拿着集精试管，并且手指间夹一块棉花；右手拿输精滴管。

（2）右手拇指和食指稍用力压住滴管胶粒，把滴管口伸进装精试管的精液面里，然后松开右手拇指和食指，让精液吸入滴管中。注意拇指和食指不能用力过度或用力不足，否则会吸精过多或不足。每吸完1次精后必须用拇指堵住试管口。

（3）将滴管垂直于翻出的肛插进母鸡的阴道内，插入深度为1.5~2cm，插入滴管时，翻肛人员固定好翻出的肛，使其不能凹陷。

（4）当精液从滴管中排出后，要迅速抽出滴管，然后用棉花把滴管擦干净才能进行下一次吸精工作。

（5）输精人员输精后，翻肛人员要迅速松开左手，接着放开鸡脚，让母鸡回到笼中。

（三）注意事项

（1）如果输精过程中有精液流出泄殖腔外，应补输。

（2）输精后0.5 h之内如果有鸡蛋产出，这一笼母鸡应补输。

（3）输精深度以1.5~2cm为宜，既不能输得太深，也不能太浅，输精过程中要轻、温柔，不能用力过大，否则会损伤母鸡输卵管。

（4）适宜的输精量：为保证一次输入足够的精子数量，一次的输精剂量要达到 0.025～0.03 mL。对于初产母鸡，适当增加输精量；产蛋后期，由于公鸡体质下降，精液质量有所下降，输精量也应适当增加。

（5）在输精过程中，翻肛人员和输精人员都要观察输精操作是否达到要求，对输精后出精和输精后不能缩肛的母鸡要重输。

（6）每天的人工授精工作应在下午 3 时开始。

（7）每做 1 个试管的精液不能超出 25 min，包括采精时间和输精时间。

（8）每次做完 1 个试管精液，操作人员都要洗手。母鸡输精每 5 d 或 6 d 为 1 个周期。

三、种母鸡舍免疫接种岗位操作程序

（一）疫苗采购、运输和保管

（1）疫苗采购。做好疫苗采购计划，疫苗领用时注意检查疫苗质量，如生产厂家、包装、有效期、批号、数量等。

（2）疫苗运输。疫苗运输采用泡沫箱，疫苗放在下面，冰块放在上面，冰块数量足够，并要尽量减少疫苗在运输途中的时间。

（3）疫苗保管。疫苗必须按要求进行保管，一般冻干苗和灭活苗需在 2～8℃ 保管；湿苗在 -15℃ 以下保管；液氮苗在 -196℃ 以下保管。各类疫苗要求标识清楚，放置有序，防止拿错。定时记录冰箱温度。

（4）搞好疫苗进出仓管理。确保每月盘点时，疫苗种类、数量准确无误。

（二）合理制订免疫计划

严格按照技术规范和操作标准执行，实际接种日龄与标准控制在±2 天内。

（三）免疫用具清洗消毒

免疫前将注射器使用开水煮沸消毒 20 min，检查剂量是否准确后备用。免疫后及时将注射器内剩余疫苗排空，尽快用清水清洗干净。

（四）疫苗的检查和领用

按照"先人先用"的原则，并计算好疫苗用量，做好总量控制。疫苗使用前要检查疫苗的种类、包装、有效期、有无分层、有无变色、批号等，并做好登记。油苗提前一天拿出冰箱，放于自然环境中回温。

（五）疫苗的稀释和分配

稀释疫苗必须用规定的稀释液，按要求稀释。稀释后的疫苗要求在 30 min 内用完。油苗出现结冰现象及异常分层等问题时不能使用，油苗要分为两瓶时可以使用蒸馏水瓶或稀释液瓶进行分装，确保疫苗不被污染。使用过的注射器内的疫苗不能注入疫苗瓶，避免整瓶污染。

第五节　产蛋鸡的饲养管理

产蛋鸡一般是指 19 ~ 72 周龄的蛋鸡。产蛋阶段的饲养任务是最大限度地消除、减少各种应激对蛋鸡的有害影响，为产蛋鸡提供最有益于健康和产蛋的环境，使鸡群充分发挥生产性能，从而达到最佳的经济效益。

一、产蛋鸡的生理特点

（1）生殖器官成熟。刚开产的母鸡已达到性成熟，开始产蛋，但机体还没有发育完全，18 周龄体重仍在继续增长，到 40 周龄时生长发育基本停止，体重增长极少，40 周龄后体重增加多为脂肪积蓄。

（2）环境反应敏感。蛋鸡步入产蛋阶段往往富于神经质，对环境变化非常敏感。如饲料配方的变化，饲喂设备的改换，环境温度、通风、光照、密度的突然改变，饲养人员和日常管理程序的变换等，都会对蛋鸡产生明显的应激影响。

（3）产蛋性能凸显。蛋鸡一般从开始产蛋到全群产蛋率50%，约需3周时间；从全群产蛋率达50%到产蛋进入高峰期（产蛋率>90%）需3周左右；达到高峰后，稳定一段时期，然后产蛋率逐渐下降，到产蛋60周时，下降到80%左右。从产蛋高峰以后，每周产蛋率约下降0.5%。鸡种性能愈优良，饲养条件愈适宜，愈稳定。蛋鸡开产后蛋重也一直增长，前15周增长较快，到产蛋结束时，蛋重约增长30%。

（4）成羽脱换开始。雏鸡刚孵出时，全身为绒羽覆盖，称为幼羽。约在7周龄长满青年羽，16~24周龄依次更换为成羽。母鸡经一个产蛋期以后，便自然换羽，从开始换羽到新羽长齐，一般需2~4个月的时间。每年秋天进行一次完全换羽，换羽一般停止产蛋；换羽的顺序是颈部、胸部、躯干、翼、尾，主翼羽由轴羽一侧开始脱换。正常速度换羽，每周换1根主翼羽，新羽要经6周才能长齐，这样10根主翼羽全部换完长齐需16周时间；高产鸡换羽常常2~3根同时脱换，换羽期间因卵巢机能减退，雌激素分泌减少而停止产蛋。换羽后又开始产蛋，但产蛋率较第一个产蛋年降低10%~15%，饲料转化率降低12%左右，产蛋持续时间也缩短，仅可达34周左右，但抗病力增强。

二、产蛋鸡的饲养管理

（一）采用分段饲养方法

（1）产蛋期蛋鸡所需要的最重要的营养成分是含硫氨基酸。含硫氨基酸总量中，蛋氨酸应占53%以上；其次是其他必需氨基酸、钙和磷；胆碱能促进合成蛋氨酸，防止脂肪沉积，饲料中加入0.3%的胆碱，有利于提高产蛋率和降低饲料消耗。

（2）当鸡群的产蛋率达到 5%（在 20~22 周龄）时，要将育成鸡饲料转换为产蛋鸡饲料。产蛋初期一般不限制采食量，因为此时母鸡的生长发育尚未停止，所采食的饲料既要满足生长发育的需要，又要为产蛋积蓄营养。此时还需要根据鸡的体重和产蛋率上升的幅度适时转换饲料配方，按饲养标准提供足够的营养物质。

（3）一般品种的蛋鸡从 23~24 周龄（160~170 日龄）开产（产蛋率达 50% 以上）。开产初期产蛋率上升得很快，从开产到达产蛋高峰的时间大约 1 个月左右，此时高产鸡的产蛋率可达 95% 以上，产蛋率 80% 以上的高峰期可以持续 5 个月以上；在高峰期产蛋率正常，鸡的体重稳定的情况下，要努力保持饲料配方、原料种类、环境条件上的高度稳定，避免各种不良刺激，进而避免产蛋率下降。这一阶段的蛋鸡一旦产蛋率下降，恢复起来就比较困难。

（4）产蛋鸡高产期要密切注意鸡的采食量、蛋重、产蛋率和体重的变化，以判断给饲制度是否合理，要根据以上指标的变化适当调整给料量。具体做法是：产蛋率上升，清早食槽无料，当天的给料量酌情增加；产蛋率平稳，清早食槽无料，给料量仍保持前 1 d 的水平；产蛋率平稳或下降，清早有剩料，则适当减少给料量；在适度调整喂量的基础上，最好保持食槽第二天早上无剩料，这样既能保证鸡群有旺盛的食欲，又能防止饲料浪费。

（5）随着鸡群进入产蛋中、后期，产蛋率下降到 80% 以下，要适当减少给料量或降低饲料的营养浓度，以免鸡群过肥而使产蛋率骤降。

（二）高度重视钙质补充

（1）产蛋鸡饲料是决定蛋壳质量和蛋壳强度的主要因素。试验证明，开产前半个月的母鸡，骨骼中钙沉积明显加强。因此从 4 月龄起或达 5% 产蛋率时，应给母鸡喂含钙量较高的饲料。

（2）产蛋鸡日粮中含钙量 3.2%～3.5%，含磷量 0.45% 是最佳水平，而在高温季节或产蛋高峰时，含钙量可增加到 3.6%～3.8%，短期内加到 4% 能使蛋壳变厚，但含量进一步提高对产蛋不利，也不能改善蛋壳质量。

（3）产蛋鸡饲料中钙含量过多，会使鸡的食欲减退；饲料中钙不足会促进吃料，易出现饲料消耗过多、母鸡脂肪沉积多、体重增加，生产中应加以控制。蛋鸡日粮中常采用骨粉、贝壳粉和石粉做钙源。试验证明，鸡对动物性钙源吸收较好，对植物性钙源吸收较差；经高温消毒的蛋壳也是良好的钙源之一。

（4）产蛋鸡饲料中维生素 D_3 的缺乏，会破坏钙的体内平衡而形成蛋壳有缺陷的蛋，因此，在饲料中要添加足量的维生素 D_3。

（三）适时采取限制饲养

产蛋鸡的限制饲养通常在产蛋高峰过后进行，主要目的是提高饲料转化率，避免采食过多，造成母鸡肥胖而影响产蛋。虽然限饲会使产蛋量略有下降，但因节省饲料，最终核算时，只要每只鸡的收入大于自由采食时的收入，限制饲喂也是合算的。

1. 分段安排

分段饲养常用的有两段法和三段法。

①两段法：以 50 周龄为界，50 周龄前，鸡体尚在发育，又是产蛋盛期，日粮的蛋白质水平控制在 17% 左右。50 周龄后，则下降至 15% 左右。

②三段法：以 20～42 周龄为第一阶段，43～62 周龄为第二阶段，63 周龄以后为第三阶段，日粮中的蛋白质水平分别为 18%，16.5%～17%，15%～16%。也可按产蛋率的高低来进行分段饲养，产蛋率低于 65% 时，日粮的蛋白质水平为 15%；产

蛋率在65%~80%时，蛋白质水平为16%；产蛋率在80%以上时，蛋白质水平为17%。

2. 饲养方法

限饲的产蛋鸡应该是在产蛋高峰过后2周开始进行。方法一是采食量方面给予一定的限制，即比自由采食减少10%~20%，日粮中降低能量、蛋白质和氨基酸水平，增加纤维素和日粮中的钙（当产蛋率达到5%时，钙含量为3.2%；当产蛋率达到50%以上时，钙含量为3.5%）；方法二是采食时间的限制，即每日定时采食或每周1 d停料不停水。但是，不管采用哪种方法，只要产蛋量下降正常，这一方法可以持续下去，如果下降幅度较大，就将给料量恢复到前一个水平。在正常情况下，限制饲喂的饲料减少量不能超过8%~9%，另外当鸡群受应激刺激或气候异常寒冷时，不要减少给料量。

（四）依据曲线调整饲养

（1）按产蛋曲线调整饲养。在产蛋量上升阶段，从18周龄起逐步改喂蛋鸡料，当产蛋率达到5%时，日粮蛋白质含量为14%；达50%时，为15%；达70%时，日粮蛋白质含量为16.5%，达高峰时，为17%以上；当产蛋率下降时，应逐渐降低营养水平，不要一看到产蛋率下降，就突然降低营养水平。调整原则是当产蛋量上升时，提高营养水平要走在产蛋上升的前面；当产蛋量下降时，降低饲料营养水平应落在产蛋量下降的后面；要注意观察调整的效果，发现效果不好，及时纠正。

（2）按季节气温变化调整饲养。在能量水平一致的情况下，冬季由于采食量增加，要适当降低日粮的蛋白质水平；夏季则适当提高日粮的蛋白质含量。

（3）特殊情况的调整饲养。如出现啄羽、啄肛等恶癖时，饲料中应适当增加粗纤维、石膏、食盐含量。在接种疫苗后1周内，日粮中宜增加1%的蛋白质。

第三章　水禽的饲养管理

第一节　鸭的饲养管理

一、生活习性

（1）喜水合群。鸭属于水禽，喜欢在水中洗浴、嬉戏、觅食和求偶。鸭一般只在休息和产蛋的时候回到陆地上，大部分时间在水中度过。鸭性情温顺，合群性很强，很少单独行动。因此，有水面的地方可大群放牧饲养。

（2）喜欢杂食。鸭嗅觉、味觉不发达，但食道容积大，肌胃发达。因此，鸭的食性很广，无论精、粗、青绿饲料都可作为鸭的饲料。

（3）耐寒怕热。鸭体表羽绒层厚，羽毛浓密，尾脂腺发达，皮下脂肪厚，耐寒性强。鸭比较怕热，在炎热的夏季喜欢泡在水中，或在树荫下休息，觅食减少，采食量下降，产蛋率也下降。所以，天气炎热时要做好遮阴防暑工作。

（4）反应灵敏、生活有规律。鸭的反应敏捷，能较快地接受管理训练和调教。鸭的觅食、嬉水、休息、交配和产蛋等行为具有一定的规律，如上午一般以觅食为主，下午则以休息为主，间以嬉水、觅食，晚上则以休息为主，采食和饮水甚少。交配活动则多在早晨放牧、黄昏收牧和嬉水时进行。鸭的这些生活规律一经形成就不易改变。

（5）适应能力强、胆小易惊。鸭对不同的气候和环境的适应能力较鸡强，适应范围广，生活力和抗病力强。但是鸭胆小易惊，遇到人或其他动物即突然惊叫，导致产蛋减少甚至停产。

二、雏鸭的饲养管理

0~4周龄的鸭称为雏鸭。雏鸭绒毛稀短，体温调节能力差；体质弱，适应周围环境能力差；生长发育快，消化能力差；抗病力差，易得病死亡。雏鸭饲养管理的好坏不仅关系到雏鸭的生长发育和成活率，还影响到鸭场内鸭群的更新和发展、鸭群以后的产蛋率和健康状况。

（一）育雏前的准备

（1）育雏舍和设备的检修、清洗及消毒。雏鸭阶段主要是在育雏室内进行饲养，育雏开始前要对鸭舍及其设备进行清洗和检修。要求对鸭舍的屋顶、墙壁、地面以及取暖、供水、供料、供电等设备进行彻底的清扫、冲洗、检修，堵死鼠洞；然后再用石灰水或其他消毒液进行喷洒或涂刷消毒；清扫和整理完毕后在舍内地面铺上一层干净、柔软的垫料，一切用具搬到舍内，用福尔马林熏蒸法消毒；对于育雏室外附近设有小型洗浴池的鸭场，在使用之前要对水池进行清理消毒，然后注入清水。

（2）育雏用具设备的准备。应根据雏鸭饲养的数量和饲养方式，配备足够的保温设备、垫料、围栏、料槽、水槽、水盆（前期雏鸭洗浴用）、清洁工具等，备好饲料、药品、疫苗，制定好操作规程和生产记录表格。

（3）做好预温工作。无论采用哪种方式育雏和供温，进雏前2~3 d对舍内保温设备，都要进行检修和调试。在雏鸭进入育雏室前1 d，保证育雏室达到所需要的温度，并保持温度的稳定。

（二）雏鸭的环境条件

（1）温度。由于雏鸭御寒能力弱，初期需要温度稍高些，随着雏龄增加，室温可逐渐降低。

（2）湿度。湿度不能过大，圈窝不能潮湿，垫草必须干燥，尤其在采食过饲料或下水游泳回来休息时，一定要卧在清洁干燥的垫草上。

（3）空气。通风换气育雏室要定时通风换气，朝南的窗户要适当敞开，以保持室内空气新鲜。但任何时候都要防止贼风直吹鸭身。

（4）光照。1 周龄时，每昼夜光照可达 20~23 h；2 周龄开始，逐步降低光照强度，缩短光照时间；3 周龄起，要区别不同情况，如上半年育雏，白天利用自然日照，夜间以较暗的灯光通宵照明，只在喂料时用较亮的灯光照 0.5 h；如下半年育雏，由于日照时间短，可在傍晚适当增加光照 1~2 h，其余时间仍用较暗的灯光通宵照明。

（5）饲养密度。饲养密度要根据品种、饲养管理方式、季节等不同，确定合理的饲养密度。

除温度、湿度、空气、光照、饲养密度等环境条件外，水源水质及噪声等均对雏鸭有较大的影响，必须注意。

（三）雏鸭的饲养

（1）开饮。刚出壳的雏鸭第一次饮水称开饮，也叫"潮口"。先饮水后开食，是饲养雏鸭的一个基本原则，一般在出壳后 24 h 内进行。方法是把雏鸭喙浸入 30℃ 左右温开水中，让其喝水，反复几次，即可学会饮水。夏季天气晴朗，潮口也可在小溪中进行，把雏鸭放在竹篮内，一起浸入水中，只浸到雏鸭脚，不要浸湿绒毛。

（2）开食。一般在开饮后 30 min 左右开食。开食料选用碎米、玉米粒等，也可直接用颗粒料自由采食的方法进行。开食时不要用料槽或料盘，直接撒在干净的塑料布上，便于全群同时采食到饲料。随着雏鸭日龄的增加可逐渐减少饲喂次数，10 日龄以内白天喂 4 次，夜晚 1~2 次；11~20 日龄白天喂 3 次，夜晚 1~2 次；20 日龄后白天喂 3 次，夜晚 1 次。雏鸭料可参考饲料配方：玉米58.5%、麦麸10%、豆饼20%、国产鱼粉10%、骨粉0.5%、贝壳粉1%，此外可额外添加0.01%的禽用多维和0.1%的微量元素。

（四）雏鸭的管理

（1）及时分群，严防堆压。雏鸭在"开饮"前，应根据出雏的迟早、强弱分开饲养。笼养的雏鸭，将弱雏放在笼的上层、温度较高的地方。平养的要将强雏放在育雏室的近门口处，弱雏放在鸭舍中温度最高处。第二次分群是在采食后3 d左右，将采食饲料少或不采食饲料的放在一起饲养，适当增加饲喂次数，比其他雏鸭的环境温度提高1~2℃。对患病的雏鸭要单独饲养或淘汰。以后可根据雏鸭的体重来分群，每周随机抽取5%~10%的雏鸭称重，未达到标准的要适当增加饲喂量，超过标准的要适当减少饲喂量。

（2）尽早调教下水，逐步锻炼放牧。下水要从小开始训练，不能因为小鸭怕冷、胆小、怕下水而停止。开始1~5 d，可以与小鸭"点水"（有的称"潮水"）结合起来，即在鸭篓内"点水"，第5天起，就可以自由下水活动了。注意每次下水后上来，都要让它在无风温暖的地方梳理羽毛，使身上的湿毛尽快干燥，千万不可带着湿毛入窝休息。下水活动，夏季不能在中午烈日下进行，冬季不能在阴冷的早晚进行；5日龄以后，即雏鸭能够自由下水活动时，就可以开始放牧。开始放牧宜在鸭舍周围，适应以后，可慢慢延长放牧路线，选择理想的放牧环境，如水稻田、浅水河沟或湖塘，种植荸荠、芋艿的水田，种植莲藕、慈姑的浅水池塘等。放牧的时间要由短到长，逐步锻炼。放牧的次数也不能太多，雏鸭阶段，每天上、下午各放牧一次，中午休息。每次放牧时间，开始时20~30 min，以后慢慢延长，但不要超过1.5 h。雏鸭放牧水稻田后，要到清水中游洗一下，然后上岸理毛休息。

（3）搞好清洁卫生，保持圈窝干燥。随着雏鸭日龄增大，排泄物不断增多，鸭篓和圈窝极易潮湿、污秽，这种环境会使雏鸭绒毛沾湿、弄脏，并有利于病原微生物繁殖，必须及时打扫干净，勤换垫草，保持篓内和圈窝内干燥清洁。换下的垫草要经过翻晒晾干，方能再用。育雏舍周围的环境，也要经常打扫，四周的排水沟必须畅通，以保持干燥、清洁、卫生的良好环境。

（4）建立稳定的管理程序。蛋鸭具有集体生活的习性，合群性很强，神经类型较敏感，其各种行为要在雏鸭阶段开始培养。例如，饮水、吃料、下水游泳、上岸理毛、入圈歇息等，都要定时、定地，每天有固定的一整套管理程序，形成习惯后，不要轻易改变，如果改变，也要逐步进行。饲料品种和调制方法的改变也如此。

三、育成鸭的饲养管理

育成鸭一般指 5～16 周龄的青年鸭。育成鸭饲养管理的好坏，直接影响产蛋鸭的生产性能和种鸭的种用价值。育成鸭具有生长发育快、羽毛生长速度快、器官发育快、适应性强等特点。育成阶段要特别注意控制生长速度和群体均匀度、体重和开产日龄，使蛋鸭适时达到性成熟，在理想的开产日龄开产，迅速达到产蛋高峰，充分发挥其生产潜力。

（一）育成鸭的放牧饲养

放牧养鸭是我国传统的养鸭方式，它利用了鸭场周围丰富的天然饲料，适时为稻田除虫，同时可使鸭体健壮，节约饲料，降低成本。

（1）选择好放牧场所和放牧路线。早春放浅水塘、小河、小港，让鸭觅食螺蛳、鱼虾、草根等水生生物。春耕开始后在耕翻的田内放牧，觅取田里的草籽、草根和蚯蚓、昆虫等天然动植物饲料。稻田插秧后从分蘖至抽穗扬花时，都可在稻田放牧，既除害虫杂草，又节省饲料，还增加了野生动物性蛋白的摄取量。待水稻收割后再放牧，可觅食落地稻粒和草籽，这是放鸭的最好时期。每次放牧，路线远近要适当，鸭龄从小到大，路线由近到远，逐步锻炼，不能使鸭太疲劳；往返路线尽可能固定，便于管理。过河过江时，选水浅的地方；上下河岸，选坡度小、场面宽广之处，以免拥挤践踏。在水里浮游，应逆水放牧，便于觅食；有风天气放牧，应逆风前进，以免鸭毛被风吹开，使鸭受凉。每次放牧途中，都要选择 1~2 个可避风雨的阴凉地方，在中午炎热或遇雷阵雨时，都要把鸭赶回阴凉处休息。

（2）采食训练与信号调教。为使鸭群及早采食和便于管理，采食训练和信号调教要在放牧前几天进行。采食训练根据牧地饲料资源情况，进行吃稻谷粒、吃螺蛳等的训练，方法是先将谷粒、螺蛳撒在地上，然后将饥饿的鸭群赶来任其采食。信号调教是用固定的信号和动作进行反复训练，使鸭群建立起听从指挥的条件反射，以便于在放牧中收拢鸭群。

（3）放牧方法。

①一条龙放牧法：这种放牧法一般由 2~3 人管理（视鸭群大小而定），由最有经验的牧鸭人（称为主棒）在前面领路，另有两名助手在后方的左右侧压阵，使鸭群形成 5~10 层次，缓慢前进，把稻田的落谷和昆虫吃干净。这种放牧法适于将要翻耕、泥巴稀而不硬的落谷田，宜在下午进行。

②满天星放牧法：即将鸭驱赶到放牧地区后，不是有秩序地前进，而是让它们散开，自由采食，先将有迁徙性的活昆虫吃掉，适当"闯鲜"，留下大部分遗粒，以后再放。这种放牧法适于干田块，或近期不会翻耕的田块，宜在上午进行。

③定时放牧法：群鸭的生活有一定的规律性，在一天的放牧过程中，要出现 3~4 次积极采食的高潮，3~4 次集中休息和浮游。根据这一规律，在放牧时，不要让鸭群整天泡在田里或水上，而要采取定时放牧法。春末至秋初，一般采食 4 次，即

早晨、上午 10 时左右、15 时左右、傍晚前各采食 1 次。秋后至初春，气温低，日照时数少，一般每日分早、中、晚采食 3 次。饲养员要选择好放牧场地，把天然饲料丰富的地方留作采食高潮时放牧。如不控制鸭群的采食和休息时间，整天东奔西跑，使鸭子终日处于半饥饿状态，得不到休息，既消耗体力，又不能充分利用天然饲料，是放牧鸭群的大忌。

④放牧鸭群的控制：鸭子具有较强的合群性，从育雏开始到放牧训练，建立起听从放牧人员口令和放牧竿指挥的条件反射，可以把数千只鸭控制得井井有条，不致糟蹋庄稼和践踏作物。当鸭群需要转移牧地时，先要把鸭群在田里集中，然后用放牧竿从鸭群中选出 10~20 只作为头鸭带路，走在最前面，叫作"头竿"，余下的鸭群就会跟着上路。只要头竿、二竿控制得好，头鸭就会将鸭群有秩序地带到放牧场地。

（二）育成鸭的圈养饲养

育成鸭的整个饲养过程均在鸭舍内进行，称为圈养或关养。圈养鸭不受季节、气候、环境和饲料的影响，能够降低传染病的发病率，还可提高劳动效率。

（1）合理分群，掌握适宜密度。

①分群：合理分群能使鸭群生长发育一致，便于管理。鸭群不宜太大，每群以 500 只左右为宜。分群时要淘汰病、弱、残鸭，要尽可能做到日龄相同、大小一致、品种一样、性别相同。

②保持适宜的饲养密度：分群的同时应注意调整饲养密度，适宜的饲养密度是保证青年鸭健康、生长良好、均匀整齐，为产蛋打下良好基础的重要条件。值得一提的是，在此生长期，羽毛快速生长，特别是翅部的羽轴刚出头时，密度大易相互拥挤，稍一挤碰，就疼痛难受，会引起鸭群践踏，影响生长。这时的鸭很敏感，怕互相撞挤，喜欢疏散。因此，要控制好密度，不能太拥挤。饲养密度随鸭的品种、周龄、体重大小、季节和

气温的不同而变化。冬季气温低时每平方米可以多养 2~3 只，夏季气温高时可少养 2~3 只。

（2）日粮及饲喂。圈养与放牧完全不同，鸭采食不到鲜活的野生饲料，必须靠人工饲喂。圈养时要满足青年鸭生长阶段所需要的各种营养物质，饲料尽可能多样化，以保持能量与蛋白质的适当比例，使含硫氨基酸、多种维生素、矿物质都有充足的供给。育成鸭的营养水平宜低不宜高，饲料宜粗不宜精，使青午鸭得到充分锻炼，长好骨架。要根据牛长发育的具体情况增减必需的营养物质，如绍鸭的正常开产日龄是 130~150 日龄，标准开产体重为 1.4~1.5 kg，如体重超过 1.5 kg，则认为超重，影响开产，应轻度限制饲养，适当多喂些青饲料和粗饲料。对发育差、体重轻的鸭，要适当提高饲料质量，每只每天的平均喂料量可掌握在 150 g 左右，另加少量的动物性鲜活饲料，以促进生长发育。

育成鸭的饲料不宜用玉米、谷、麦等单一的原粮，最好是粉碎加工后的全价混合粉料，喂饲前加适量的清水，拌成湿料饲喂，饮水要充足。动物性饲料应切碎后拌入全价饲料中喂饲，青绿饲料可以在两次喂饲的间隔投放在运动场，由鸭自主选择采食。青绿饲料不必切碎，但要洗干净。每日喂 3~4 次，避免采食时饥饱不匀。

四、产蛋鸭的饲养管理

母鸭从开始产蛋到淘汰（17~72 周龄）称为产蛋鸭。

（一）产蛋规律

蛋用型鸭开产日龄一般在 21 周左右，28 周龄时产蛋率达 90%，产蛋高峰出现较快。产蛋持续时间长，到 60 周龄时才有所下降，72 周龄淘汰时仍可达 75% 左右。蛋用型鸭每年产蛋 220~300 枚。鸭群产蛋时间一般集中在凌晨 2~5 点，白天产蛋很少。

（二）商品蛋鸭的饲养管理

1. 饲养

（1）饲料配制。

圈养产蛋母鸭，饲料可按以下比例配给：玉米粉40%、麦粉25%、糠麸10%、豆饼15%、鱼粉6.2%、骨粉3.5%、食盐0.3%。另外，还应补充多种维生素和微量元素添加剂。也可以根据养鸭户的能力和条件做一些替换饲料，如缺少鱼粉，可捕捞小杂鱼、小虾和蜗牛等饲喂，可以生喂，也可以煮熟后拌在饲料中饲喂。饲料不能拌得太黏，达到不沾嘴的程度即可。食盆和水槽应放在干燥的地方，每天要刷洗一次。每天要保证供给鸭充足的饮水，同时在圈舍内放一个沙盆，准备足够、干净的沙子，让母鸭随便吃。

（2）饲喂次数及饲养密度。

饲养中注意不要让母鸭长得过肥，因为肥鸭产蛋少或不产蛋。但是，也要防止母鸭过瘦，过瘦也不产蛋。每天要定时喂食，母鸭产蛋率不足30%时，每天应喂料3次；产蛋率在30%~50%时，每天应喂料4次；产蛋率在50%以上时，每天喂料5次。鸭夜间每次醒来，大多会去采食饲料或去饮水，因此，对产蛋母鸭在夜间一定要喂料1次。对产蛋的母鸭要尽量少喂或者不喂稻糠、酒糟之类的饲料。在圈舍内饲养母鸭，饲养的数量不能过多，每平方米6只较适宜，如有30 m² 的房子，可以养产蛋鸭180只左右。

2. 圈舍的环境控制

圈舍内的温度要求10~18℃。0℃以下母鸭的产蛋量就会大量减少，到-4℃时，母鸭就会停止产蛋。当温度上升到28℃以上时，由于气温过热，鸭采食量减少，产蛋也会减少，并会停止产蛋，开始换羽。因此，温度管理的重点是冬天防寒，夏天防暑。在寒冷地区的冬天，产蛋母鸭圈舍内要烧火炉取暖，以提高舍内温度。要给母鸭喝温水，喂温热的料，增加青绿饲料，如白菜等，以保证母鸭的营养需要。另外，要减少母鸭在室外运动场停留的时间。夏季天气炎热时，要将鸭圈的前后窗户打开，降低鸭舍内的温度，同时要保持鸭圈舍内的干燥，不能向地面洒水。

3. 不同阶段的管理

（1）产蛋初期（开产至 200 日龄）和前期（201～300 日龄）。

不断提高饲料质量，增加饲喂次数，每日喂 4 次，每日喂料量 150 g/只。光照逐渐加至 16 h。本期内蛋重增加，产蛋率上升，体重要维持开产时的标准，不能降低，也不能增加。要注意蛋鸭初产习性的调教。设置产蛋箱，每天放入新鲜干燥的垫草，并放鸭蛋作"引蛋"，晚上将产蛋箱打开。为防止蛋鸭晚间产蛋时受伤害，舍内应安装低功率节能灯照明。这样经过 10 d左右的调教，绝大多数鸭便去产蛋箱产蛋。

（2）产蛋中期（301～400 日龄）。

此期的鸭群因已进入产蛋高峰期而且持续产蛋 100 多天，体力消耗较大，对环境条件的变化敏感，如不精心饲养管理，难以保持高产蛋率，甚至引起换羽停产，因而这也是蛋鸭最难养的阶段。此期日粮中的粗蛋白水平比产蛋前期要高，达 20%；并特别注意钙的添加，日粮含钙量过高影响适口性，为此可在粉料中添加 1%～2%的颗粒状钙，或在舍内单独放置钙盆，让鸭自由采食，并适量喂给青绿饲料或添加多种维生素。光照时间稳定在 16 h。

（3）产蛋后期（401～500 日龄）。

产蛋率开始下降，这段时间要根据体重与产蛋率来确定饲料的质量与数量。如体重减轻，产蛋率 80%左右，要多加动物性蛋白；如体重增加，产蛋率还在 80%左右，要降低饲料中的代谢能或增喂青饲料，蛋白保持原水平；如产蛋率已下降至

60%左右，就要降低饲料水平，此时再加好料产蛋量也不能恢复。80%产蛋率时保持 16 h 光照，60%产蛋率时加到 17 h。

（4）休产期。

产蛋鸭经过春天和夏天几个月的产蛋后，在伏天开始掉毛换羽。自然换羽时间比较长，一般需要 3~4 个月，此时母鸭停止产蛋。为了缩短换羽时间，降低喂养成本，让母鸭提早恢复产蛋，可采用人工强制的方法让母鸭换羽。

（三）种鸭的饲养管理

留作种用的称种鸭。种鸭与产蛋鸭的饲养管理基本相同，不同的是，养产蛋鸭只是为了得到商品食用蛋，满足市场需要；而养种鸭，则是为了得到高质量的可以孵化后代的种蛋。所以，饲养种鸭要求更高，不但要养好母鸭，还要养好公鸭，才能提高受精率。

1. 选留

留种的公鸭经过育雏、育成期、性成熟初期三个阶段的选择，选出的公鸭外貌符合品种要求，生长发育良好，体格强壮，性器官发育健全，第二性征明显，精液品质优良，性欲旺盛，行动矫健灵活。种母鸭要选择羽毛紧密，紧贴身体，行动灵活，觅食能力强；骨骼发育好，体格健壮，眼睛突出有神，喙长、颈长、身长；体形外貌符合品种（品系）标准的。

2. 饲养

有条件的饲养场所饲养的种公鸭要早于母鸭 1~2 月龄，使公鸭在母鸭产蛋前已达到性成熟，这样有利于提高种蛋受精率。育成期公、母鸭分开饲养，一般公鸭采用以放牧为主的饲养方式，让其多采食野生饲料，多活动，多锻炼。饲养上既能保证各器官正常生长发育，又可以防止过肥或过早性成熟。对开始性成熟但未达到配种期的种公鸭，要尽量旱地放牧，少下水，减少公鸭间的相互嬉戏、爬跨，以防形成恶癖。营养上除按母鸭的产蛋率高低给予必需的营养物质外，还要多喂维生素、青绿饲料。维生素 E 能提高种蛋的受精率和孵化率，饲料中应适当增加，每千克饲料中加 25 mg，不低于 20 mg。生物素、泛酸不仅影响产蛋率，而且对种蛋受精率和孵化率影响也很大。同时，还应注意不能缺乏含色氨酸的蛋白质饲料，色氨酸有助于提高种蛋的受精率和孵化率，饼、粕类饲料中色氨酸含量较高，配制日粮时必须加入一定饼、粕类饲料和鱼粉。种鸭饲料中尽量少用或不用菜籽粕、棉籽粕等含有毒素、影响生殖功能的原料。

3. 公、母鸭的合群与配比

青年阶段公、母鸭分开饲养。为了使同群公鸭之间建立稳定的序位关系，减少争斗，使得公、母鸭之间相互熟悉，在鸭群将要达到性成熟前进行合群。合群晚会影响公鸭对母鸭的分配，相互间的争斗和争配对母鸭的产蛋有不利影响。公、母配比是否合适对种蛋的受精率影响很大。国内蛋用型麻鸭体型小而灵活，性欲旺盛，配种能力强，其公鸭、母鸭配比在早春、冬季为 1∶18，夏、秋季为 1∶20，这样的性别比例可以保持高的种蛋受精率；康贝尔鸭公、母配比为 1∶（15～18）比较合适。在繁殖季节，应随时观察鸭群的配种情况，发现种蛋受精率低，要及时查找原因。首先要检查公鸭，发现性器官发育不良、精子畸形等不合格的个体要淘汰，发现伤残的公鸭要及时调出并补充新鸭。

4. 提高配种效率

自然配种的鸭，在水中配种比在陆地上配种成功率高，其种蛋受精率也高。种公鸭在每天清晨和傍晚配种次数最多。因此，天气好应尽量早放鸭出舍，迟关鸭，增加户外活动时间。如果不是建在水库、池塘和河渠附近，则种鸭场必须设置水池，最好是流动水，要延长放水时间，增加活动量。若是静水应常更换，保持水的清洁。

5. 及时收集种蛋

种蛋清洁与否直接影响孵化率。每天清晨要及时收集种蛋，不让种蛋受潮、受晒、被粪便污染，尽快进行熏蒸消毒。种蛋在垫草上放置的时间越长所受的污染越严重。收集种蛋时，要仔细检查垫草下面是否埋有鸭蛋；对于伏卧在垫草上的鸭要赶起来，看其身下是否有鸭蛋。

第二节　鹅的饲养管理

一、雏鹅的生活习性

（一）生理特点

1. 鹅的消化生理特点

鹅的消化道发达，喙扁而长，边缘呈锯齿状，能截断青饲料。食管膨大部较宽，富有弹性，肌胃肌肉厚实，肌胃收缩压力强。食量大，每天每只成年鹅可采食青草 2 kg 左右。因此，鹅对青饲料的消化能力比其他禽类要强。

2. 鹅的生殖生理特点

①季节性：鹅繁殖存在明显的季节性，主要产蛋季在冬、春两季。

②就巢性：鹅具有很强的就巢性。在一个繁殖周期中，每产一窝蛋后就要停产抱窝。

③择偶性：公母鹅有固定配偶交配的习惯。鹅群中有 40% 的母鹅和 22% 的公鹅是单配偶。

④繁殖时间长：母鹅的产蛋量在开产后的前 3 年逐年提高，到第 4 年开始下降。种母鹅的经济利用年限可长达 4~5 年之久，公鹅也可利用 3 年以上。因此，为了保证鹅群的高产、稳产，

在选留种鹅时要保持适当的年龄结构。

（二）生活习性

鹅有很多生活习性与鸭相同，如嬉水合群、反应灵敏、生活有规律、耐寒等。另外，鹅还有一些特殊的习性。

1. 食草性

鹅是较大的食草性水禽，肌胃、盲肠发达，能很好地利用草类饲料，因此，能大量食用青绿饲料。

2. 警觉性

鹅听觉灵敏，警惕性高，遇到陌生人或其他动物，就会高声叫或用喙啄击，用翅扑击，有的地方用鹅看家护院。

3. 等级性

鹅有等级次序，饲养时应防止因打斗而影响正常生产力的发挥。

二、雏鹅的饲养管理

0~4 周龄的幼鹅称雏鹅。该阶段雏鹅体温调节机能差，消化道容积小，消化吸收能力差，抗病能力差等，此期间饲养管理的重点是培育出生长速度快、体质健壮、成活率高的雏鹅。

（一）选择

雏鹅质量的好坏，直接影响雏鹅的生长发育和成活率。健康的雏鹅体重大小符合本品种要求，绒毛洁净而有光泽，眼睛明亮有神，活泼好动，腹部柔软，抓在手中挣扎有力，叫声响亮。腹部收缩良好，脐部收缩完全，周围无血斑和水肿。雏鹅的绒毛、喙、跖、蹼的颜色等应符合本品种要求，跖和蹼伸展自如、无弯曲。

（二）饲养

（1）"潮口"。雏鹅出壳后 12~24 h 应先饮水，第一次饮水称为"潮口"。多数雏鹅会自动饮水，对个别不会饮水的雏鹅要进行人工调教，可以把雏鹅放入深度 3 cm 的水盆中，然后将其喙浸入水中，让其喝水，反复几次即可。饮水中加入 0.05% 高锰酸钾，可以起到消毒饮水、预防肠道疾病的作用；加入 5% 葡萄糖或按比例加入速溶多维，可以迅速恢复雏鹅体力，提高成活率。

（2）开食。必须遵循"先饮水后开食"的原则。开食时间一般以饮水后 15~30 min 为宜。一般用黏性较小的籼米和"夹生饭"作为开食料，最好掺一些切成细丝状的青菜叶、莴苣叶、油菜叶等。第一次喂食不要求雏鹅吃饱，吃到半饱即可，时间为 5~7 min。过 2~3 h 后，再用同样的方法调教采食。一般从 3 日龄开始，用全价饲料饲喂，并加喂青饲料。为便于采食，粉料可适当加水拌湿。

（3）饲喂次数及饲喂方法。要饲喂营养丰富、易于消化的全价配合饲料和优质青饲料。饲喂时要先精后青，少食多餐。

三、肉用仔鹅的饲养管理

饲养至 90 日龄作为商品肉鹅出售的称为肉用仔鹅。

（一）生产特点

（1）鹅是肉用家禽。养鹅业主要产品是肉用仔鹅、肥鹅肝及其加工产品。

（2）生长迅速，体重大。一般 10~12 周龄体重可达 5 kg 以上，即可上市销售。

（3）适应性和抗病力强。肉用仔鹅适应性和抗病力均较强。容易饲养，成活率高。

（4）生产具有明显的季节性。肉用仔鹅生产多集中在每年的上半年，这是由鹅的季节性繁殖特点造成的。

（5）放牧饲养，生产成本低。鹅可以很好地利用青绿饲料，采用放牧饲养，生产成本低。特别是我国南方地区青绿饲料可常年供应，为鹅的放牧饲养提供了良好条件。

（二）饲养

（1）选择牧地和鹅群规格。选择草场、河滩、湖畔、收割后的麦地、稻田等地放牧。牧地附近要有树林或其他天然屏障，若无树林，应在地势高燥处搭简易凉棚，供鹅遮阴和休息。放牧时确定好放牧路线，鹅群大小以每群250~300只为宜，由2人管理放牧；若草场面积大，草质好，水源充足，鹅的数量可扩大到每群500~1 000只，需2~3人管理。

农谚有"鹅吃露水草，好比草上加麸料"的说法，当鹅尾尖、身体两侧长出毛管，腹部羽毛长满、充盈时，实行早放牧，尽早让鹅吃上露水草。40日龄后鹅的全身羽毛较丰满，适应性强，可尽量延长放牧时间，做到"早出牧，晚收牧"。出牧与收牧要清点鹅数。

（2）正确补料。若放牧期间能吃饱喝足，可不补料；若肩、腿、背、腹正在脱毛，长出新羽时，应该给予补料。补料量应看草的生长状态与鹅的膘情体况而定，以充分满足鹅的营养需求为前提。每次补料量，小型鹅每天每只补100~150 g，中、大型鹅补150~250 g。补饲一般安排在中午或傍晚。补料调制一般以糠麸为主，掺以甘薯、瘪谷和少量花生饼或豆饼。日粮中还应注意补给1%~1.5%骨粉、2%贝壳粉和0.3%~0.4%食盐，以促使骨骼正常生长，防止软脚病和发育不良。一般来说，30~50日龄时，每昼夜喂5~6次，50~80日龄喂4~5次，其中夜间喂2次。参考饲料配方如下：

肉鹅育雏期：玉米50%、鱼粉8%、麸（糠）皮40%、生长素1%、贝壳粉0.5%、多种维生素0.5%，然后按精料与青饲料1∶8的比例混合饲喂。

育肥期：玉米20%、鱼粉4%、麸（糠）皮74%、生长素1%、贝壳粉0.5%、多种维生素0.5%，然后按精料与青饲料2∶8的比例混合制成半干湿饲料饲喂。

（3）观察采食情况。凡健康、食欲旺盛的鹅表现动作敏捷抢着吃，不择食，一边采食一边摆脖子往下咽，食管迅速增粗，喙呷不停地往下点；凡食欲不振者，采食时抬头，东张西望，喙呷含着料不下咽，头不停地甩动，或动作迟钝，呆立不动，此状况出现可能是有病，要挑出隔离饲养。

（三）管理

1. 鹅群训练调教

要本着"人鹅亲和，循序渐进，逐渐巩固，丰富调教内容"的原则进行

鹅群调教。训练合群，将小群鹅合并在一起喂养，几天后继续扩大群体；训练鹅适应环境、放牧；培育和调教"头鹅"，使其引导、爱护、控制鹅群；放牧鹅的队形为狭长方形，出牧与收牧时驱赶速度要慢；放牧速度要做到空腹快，饱腹慢，草少快，草多慢。

2. 做好游泳、饮水与洗浴

游泳增加运动量，提高羽毛的防水、防湿能力，可防止发生皮肤病和生虱。选水质清洁的河流、湖泊游泳、洗浴，严禁在水质腐败、发臭的池塘里游泳。收牧后进舍前应让鹅在水里洗掉身上污泥，舍外休息、喂料，待毛干后再赶到舍内。凡打过农药的地方必须经过 15 d 后才能放牧。

3. 搞好防疫卫生

鹅群放牧前必须已注射过小鹅瘟、副黏病毒病、禽流感、禽霍乱疫苗。定期驱除体内外寄生虫。饲养用具要定期消毒，防止鼠害、兽害。

（四）育肥

肉鹅经过 15~20 d 育肥之后，膘肥肉嫩，胸肌丰厚，味道鲜美，屠宰率高，产品畅销。生产上常有以下 4 种育肥方法。

（1）放牧育肥。当雏鹅养到 50~60 日龄时，可充分利用农田收割后遗留下来的谷粒、麦粒和草籽来育肥。放牧时，应尽量减少鹅的运动，搭临时鹅棚，鹅群放牧到哪里就在哪里留宿。经 10~15 d 的放牧育肥后，就地出售，防止中途掉膘或伤亡。

（2）上棚育肥。用竹料或木料搭一个棚架，架底离地面 60~70 cm，以便于清粪，棚架四周围以竹条。食槽和水槽挂于栏外，鹅在两竹条间伸出头来采食、饮水。育肥期间以稻谷、碎米、番薯、玉米、米糠等碳水化合物含量丰富的饲料为主。日喂 3~4 次，最后一次在 22：00 喂饲。

（3）圈养育肥。常用竹片（竹围）或高粱秆围成小栏，每栏养鹅 1~3 只，栏的面积大小不超过鹅的 2 倍，高为 60 cm，鹅可在栏内站立，但不能昂头鸣叫，经常鸣叫不利育肥。饲槽和饮水器放在栏外。白天喂 3 次，晚上喂 1 次。饲料以玉米、糠麸、豆饼和稻谷为主。为了增进鹅的食欲，隔日让鹅下池塘水浴一次，每次 10~20 min，浴后在运动场日光浴，梳理羽毛，最后赶鹅进舍休息。

（4）填饲育肥。即"填鹅"，是将配制好的饲料填条，一条一条地塞进鹅的食管里强制鹅吞下去，再加上安静的环境，活动减少，鹅就会逐渐肥胖起来，肌肉丰满、鲜嫩。此法可缩短育肥期，育肥效果好，主要用于肥肝鹅生产。

四、种鹅的饲养管理

种鹅饲养通常分为育雏期、后备期、产蛋期和休产期四个阶段。育雏期的饲养管理可参照肉用仔鹅育雏期的饲养管理技术，以下主要介绍种鹅后备期、产蛋期和休产期的饲养管理技术。

（一）后备种鹅的饲养管理

后备种鹅是指从 1 月龄到开始产蛋的留种用鹅。种鹅的后备期较长，在生产中又分为 5~10 周龄、11~15 周龄、16~22 周龄、22 周龄到开产四个阶段。每一阶段应根据种鹅的生理特点不同，进行科学的饲养管理。

1. 5~10 周龄

这一阶段的鹅又称为中鹅或青年鹅，是骨骼、肌肉、羽毛生长最快的时期。饲养管理上要充分利用放牧条件，节约精料，锻炼其消化青绿饲料和粗纤维的能力，提高适应外界环境的能力，满足快速生长的营养需要。

中鹅以放牧为主要饲养方式，有经验的牧鹅者，在茬地或有野草种子的草地上放牧，能够获得足够的谷实类精料，具体为"春放草塘，夏放麦茬，秋放稻茬，冬放湖塘"。在草地资源有限的情况下，可采用放牧与舍饲相结合的饲养方式。

2. 11~15 周龄

这一时期是鹅群的调整阶段。首先对留种用鹅进行严格的选择，然后调教合群，减少"欺生"现象，保证生长均匀度。

3. 16~22 周龄

这一阶段是鹅群生长最快的时期，采食旺盛，容易引起肥胖。因此，这一阶段饲养管理的重点是限制饲养，公鹅、母鹅分群饲养。

后备母鹅 100 日龄以后逐步改用粗料，日喂 2 次。草地良好时，可以不补饲，防止母鹅过肥和早熟。但是在严寒冬季青绿饲料缺乏时，则要增加饲喂次数（3~4 次），同时增加玉米的喂量。

4. 周龄到开产

此阶段历时 1 个月左右，饲养管理的重点是加强饲喂和疫苗接种。

（二）产蛋期种鹅的饲养管理

鹅群进入产蛋期以后，饲养管理要围绕提高产蛋率，增加合格种蛋量来做。

1. 产蛋前的准备工作

在后备种鹅转入产蛋舍时，要再次进行严格挑选。公鹅除外貌符合品种要求、生长发育良好、无畸形外，重点检查阴茎发育是否正常，最好通过人工采精的办法来鉴定公鹅的优劣，选留能够顺利采出精液、阴茎较大者。母鹅只剔除少量瘦弱、有缺陷者，大多数都要留下做种用。

2. 产蛋期的饲喂

随着鹅群产蛋率的上升，要适时调整日粮的营养浓度。建议产蛋母鹅日粮营养水平为：代谢能 10.88～12.13 MJ/kg、粗蛋白 15%～17%、粗纤维 6%～8%、赖氨酸 0.8%、蛋氨酸 0.35%、胱氨酸 0.27%、钙 2.25%、磷 0.65%、食盐 0.5%。

喂料要定时定量，先喂精料再喂青饲料。青饲料可不定量，让其自由采食。每天饲喂精料量：大型鹅种 180～200 g/只，中型鹅种 130～150 g/只，小型鹅种 90～110 g/只。每天喂料 3 次，早上 9：00 喂第一次，然后在附近水塘、小河边休息，草地上放牧；14：00 喂第二次，然后放牧；傍晚回舍在运动场上喂第三次。回舍后在舍内放置清洁饮水和矿物质饲料，让其自由采食饮用。

3. 产蛋期的管理

（1）产蛋管理。

母鹅具有在固定位置产蛋的习惯，生产中为了便于种蛋的收集，要在鹅棚附近搭建一些产蛋棚。产蛋棚长 3.0 m，宽 1.0 m，高 1.2 m，每千只母鹅需搭建三个产蛋棚。产蛋棚内地面铺设软草做成产蛋窝，尽量创造舒适的产蛋环境。

母鹅的产蛋时间多集中在凌晨至上午 9：00 以前，因此每天上午放牧要等到 9：00 以后进行。放牧时如发现有不愿跟群、大声高叫，行动不安的母鹅，应及时赶回鹅棚产蛋。母鹅在棚内产完蛋后，应有一定的休息时间，不要马上赶出产蛋棚，最好在棚内补饲。

（2）合理交配。

为了保证种蛋有高的受精率，要合理安排公、母比例。我国小型鹅种公母比例为 1∶（6~7），中型鹅种 1∶（5~6），大型鹅种 1∶（4~5）。鹅的自然交配在水面上完成。种鹅在早晨和傍晚性欲旺盛，要利用好这两个时期，保证高的受精率。早上放水要等大多数鹅产蛋结束后进行，晚上放水前要有一定的休息时间。

（3）搞好放牧管理。

产蛋期间应就近放牧，避免走远路引起鹅群疲劳。放牧过程中，特别要注意防止母鹅跌伤、挫伤而影响产蛋。

（4）控制光照。

大量研究表明，光照时间 13~14 h/d、5~8 W/m² 的光照强度即可维持正常的产蛋需要。在秋冬季光照时间不足时，人工补充光照。在自然光照条件下，母鹅每年（产蛋年）只有一个产蛋周期，采用人工光照，可使母鹅每年有两个产蛋周期，多产蛋 5~20 枚。

（5）注意保温。

严寒的冬季正赶上母鹅临产或开产的季节，要注意鹅舍的保温。夜晚关闭鹅舍所有门窗，门上要挂棉门帘，北面的窗户要在冬季封死。为了提高舍内地面的温度，舍内要多加垫草，还要防止垫草潮湿。天气晴朗时，注意打开门窗通风，同时降低舍内湿度。受寒流侵袭时，要停止放牧，多喂精料。

（三）休产期种鹅的饲养管理

母鹅一般当年 10 月到第二年 4—5 月产蛋，经过 7~8 个月的产蛋期，产蛋明显减少，蛋形变小，畸形蛋增多，不能进行正常的孵化。这时羽毛干枯脱落，陆续进行自然换羽。公鹅性欲下降，配种能力变差。这些变化说明种鹅进入了休产期。休产期种鹅饲养管理上应注意以下几点：

1. 调整饲喂方法

种鹅停产换羽开始，逐渐停止精料的饲喂，应以放牧为主，舍饲为辅，补饲糠麸等粗饲料。为了让旧羽快速脱落，应逐渐减少补饲次数，开始减为每天喂料一次，后改为隔天一次，逐渐转入 3~4 d 喂一次，12~13 d 后，体重减轻大约 1/3，然后再恢复喂料。

2. 人工拔羽

公鹅比母鹅提前一个月进行人工拔羽，保证母鹅开产后公鹅精力充沛。人工拔羽后要加强饲养管理，头几天鹅群实行圈养，避免下水，供给优质青饲料和精饲料。如发现一个月后仍未长出新羽，则要增加精料喂量，尤其是蛋白质饲料，如各种饼粕和豆类。

3. 做好休产期的选择组群

为了保持鹅群旺盛的繁殖力，每年休产期间要淘汰低产种鹅，同时补充优良鹅只作为种用。更新鹅群的方法如下：

①全群更新：将原来饲养的种鹅全部淘汰，全部选用新种鹅来代替。种鹅全群更新一般在饲养 5 年后进行，如果产蛋率和受精率都较高，则可适当延长 1~2 年。

②分批更新：种鹅群要保持一定的年龄比例，1 岁鹅 30%，2 岁鹅 25%，3 岁鹅 20%，4 岁鹅 15%，5 岁鹅 10%。根据上述年龄结构，每年休产期要淘汰一部分低产老龄鹅。

第四章　牛的规模化养殖技术

第一节　犊牛的饲养管理

犊牛一般是指 0~6 月龄阶段的牛。

一、哺乳期犊牛的饲养

（一）哺乳期犊牛的特点

初生时犊牛自身免疫机制发育还不够完善，对疾病的抵抗能力较差，主要依靠母牛初乳中的免疫球蛋白抵御疾病的侵袭。另外，瘤胃和网胃发育差，结构还不完善，微生物区系还未建立，消化主要靠皱胃和小肠。随着犊牛年龄的增长和采食植物性饲料的增加，瘤胃的发育逐渐趋于健全，消化能力也随之提高，一般初生 3 周龄后才出现反刍。因此，哺乳期犊牛对饲养管理的要求较高，生产中除饲喂全乳外，补饲适量精料和干草可促使瘤胃迅速发育。补饲精料，有助于瘤胃乳头的生长；补饲干草则有助于提高瘤胃容积和组织的发育。

（二）确定哺乳形式和哺乳器皿

1. 哺乳形式的确定

根据生产性能的不同，犊牛的哺乳分为随母牛自然哺乳和人工哺乳两种形式。

肉用犊牛通常采用随母牛自然哺乳，6 月龄断奶。自然哺乳的前半期（90 日龄前），犊牛的日增重与母乳的量和质密切相关，母牛泌乳性能较好，犊牛可达到 0.5 kg 以上的平均日增重。后半期，犊牛通过自觅草料，用以代替母乳，逐渐减少对母乳的依赖性，平均日增重可达 0.7~1 kg。

乳用犊牛采用人工哺乳的形式，即犊牛出生后与母牛隔离，由人工辅助喂乳。

2. 哺乳器皿的选择

常用的哺乳器皿有哺乳壶和哺乳桶（盆）。采用哺乳壶饲喂犊牛，可使犊牛食管沟反射完全，闭合成管状，乳汁全部流入皱胃，同时也比较卫生。用哺乳壶饲喂时，可在其顶部剪一个"十"字形口，以利犊牛吸吮，避免强灌。哺乳桶（盆）饲喂，没有了吸吮的刺激，食管沟反射不完全，乳汁易溢入前胃，引起异常发酵，发生腹泻。故采用奶桶哺乳时，通常一手持桶，另一手食指和中指蘸乳放入犊牛口中使其吮吸，然后慢慢抬高桶，使犊牛嘴紧贴牛奶液面。习惯后，将手指从犊牛口中拔出，犊牛即会自行吮吸。如果不行可重复数次，直至犊牛可自行吮吸为止。

（三）训练犊牛哺乳、饮水与采食

1. 训练哺乳

（1）饲喂初乳。

①初乳与被动免疫：初乳是指母牛产后 5~7 d 内所分泌的乳汁。初乳色黄浓稠，并有特殊的气味。初乳中含有丰富且易消化的养分，初乳中干物质比常乳多 1 倍，其中蛋白质含量多 4~5 倍，脂肪含量多 1 倍，维生素 A 多 10 倍，各种矿物质也明显高于常乳。随着产后时间的推移，初乳的成分逐渐向常乳过渡。初乳中含有大量的免疫球蛋白，犊牛摄入初乳后，可获得被动免疫。母牛抗体不能通过牛的胎盘，出生后通过小肠吸收初乳的免疫物质是新生犊牛获得被动免疫的唯一来源。初乳中主要免疫球蛋白有 IgG、IgA 和 IgM。IgG 是主要的循环抗体，在初乳中含量最高。初乳中的免疫球蛋白必须以完整的蛋白质形式吸收才有价值。犊牛对抗体完整吸收能力在出生后的几个小

时内迅速下降,若犊牛在生后的 12 h 后才饲喂初乳,就很难从中获得大量抗体及其所提供的免疫力;若出生 24 h 后才饲喂初乳,对初乳中免疫球蛋白的吸收能力几乎为零,犊牛会因未能及时获得大量抗体而发病率升高。此外,初乳酸度较高(45~50°T),使胃液变为酸性,可有效抑制有害菌繁殖;初乳富含溶菌酶,具有杀菌作用;初乳浓度高,流动性差,可代替黏液覆盖在胃肠壁上,阻止细菌直接与胃肠壁接触而侵入血液,起到良好的保护作用;初乳中含有镁和钙等中性盐,具有轻泻作用,特别是镁盐,可促进胎粪排出,防止消化不良和便秘。

②及时哺喂初乳:犊牛出生后要尽早地吃到初乳,第一次哺喂初乳应在犊牛出生后约 30 min 内进行,最迟不宜超过 1 h。根据犊牛的体重大小及健康状况,确定初乳的喂量。第一次初乳喂量一般为 1.5~2 kg,约占体重的 5%,不能太多,否则会引起犊牛消化紊乱。第二次饲喂初乳一般在出生后 6~9 h。初乳日喂 3~4 次,每天喂量一般不超过体重的 8%~10%,饲喂 4~5 d,然后逐步改为饲喂常乳。初乳最好即挤即喂,以保持乳温。适宜的初乳温度为 38℃ 左右。初乳的温度过低会引起犊牛胃肠消化机能紊乱,导致腹泻。初乳加热最好采用水浴加热,加热温度不能过高。过高的初乳温度除会使初乳中的免疫球蛋白变性失去作用外,还容易使犊牛患口腔炎、胃肠炎。

(2)饲喂常乳。

犊牛哺乳期的长短和哺乳量因培育方向及饲养条件不同而不同。传统的哺喂方案是采用高奶量,哺喂期为 5~6 月龄,哺乳量达到 600~800 kg。实践证明,过多的哺乳量和过长的哺喂期,虽然犊牛增重较快,但对犊牛的消化器官发育不利,而且加大了犊牛培育成本。所以,目前许多奶牛场已在逐渐减少哺乳量,缩短哺乳期。一般全期哺乳量约 300 kg,哺乳期约 2 个月。常乳喂量 1~4 周龄为体重的 10%,5~6 周龄为体重的 10%~12%,7~8 周龄为体重的 8%~10%,8 周龄后逐步减少喂量，直至断奶。

（3）代乳品的应用。

常乳期内犊牛可一直饲喂常乳，但由于饲喂成本高，投入大，现代化的牛场多采用代乳品代替部分或全部常乳。特别是对用于育肥的乳用公犊牛，普遍采用代乳品代替常乳饲喂。饲喂母牛初乳或人工初乳的犊牛在出生后 5~7 d 即可开始用代乳品逐步替代初乳。对于体质较弱的犊牛，应饲喂一段时间的常乳后再饲喂代乳品。

饲喂常乳和代乳品时，必须做到定质、定时、定温、定人。定质是要求必须保证常乳和代乳品的质量，变质的乳品会导致犊牛腹泻或中毒。定时是要求喂乳时间相对固定，同时 2 次饲喂应保持合理的时间间隔。哺乳期一般日喂 2 次，间隔 8 h。定温是要保证饲喂乳品的温度，牛奶的饲喂温度以及加温方法应和初乳饲喂时一样。定人是为了减少应激和意外发生。

生产中也可以将初乳发酵，获得发酵初乳来饲喂犊牛，用以节约商品乳，降低饲养成本。饲喂发酵初乳时，在初乳中加入少量小苏打（碳酸氢钠），可提高犊牛对初乳中抗体的吸收率。

目前有很多大规模奶牛场，为降低犊牛哺育成本，用患有乳房炎的牛奶来哺喂犊牛，实践证明是可行的（但必须要进行巴氏消毒后方可使用）。

2. 训练饮水

犊牛出生 24 h 后，即应获得充分饮水，不可用乳替代水。犊牛每次哺乳 1~2 h 后，应给予温开水 1 次。最初 2 d 水温要求和乳温相同，10~15 d 后可直接喂饮常温开水。1 个月后由于采食植物性饲料量增加，饮水量越来越多，这时可在运动场内设置饮水池，任其自由饮用，但水温不宜低于 15℃。冬季应喂给30℃左右的温水，可避免犊牛腹泻。

3. 训练采食

犊牛出生后第 4 天开始，补饲开食料。犊牛开食料是指适口性好、高蛋白（20%以上的粗蛋白）、高能量（7.5%~12.5%的粗脂肪）、低纤维（不高于 6%~7%）精料，将少量犊牛开食料（颗粒料）放在乳桶底部或涂抹于犊牛的鼻镜、嘴唇上诱食，训练其自由采食，根据食欲及生长发育速度逐渐增加喂量，当开食料采食量达到 1~1.5 kg 时即可断奶。

犊牛出生后 4~7 d 补饲干草。干草补饲时可直接饲喂，但要保证质量，应以优质豆科和禾本科牧草为主。犊牛出生后20 d 可开始饲喂优质青绿多汁饲料。

二、断奶期犊牛的饲养

断奶期是指犊牛从断奶至 6 月龄之间的时期。

（一）断奶期犊牛的特点

断奶后，犊牛要完成从依靠乳品和植物性饲料到完全依靠植物性饲料的转变，瘤、网胃继续快速发育，到 6 月龄时瘤、网胃体积已经占到总胃容量的75%（成年牛的比例为85%）。同时，各种瘤胃微生物的活动也日趋活跃，消化、利用粗饲料的能力逐步完善。

（二）适时断奶

随着科学研究的进步，人们发现传统的犊牛哺乳时间较长，耗奶量较大，适当缩短哺乳期不仅不会对犊牛产生不利影响，反而可以节约乳品，降低犊牛培育成本，增加犊牛的后期增重，促进后备牛的提早发情，改善健康状况和母牛繁殖率。早期断奶的时间不宜采用一刀切的办法，需要根据饲养者的技术水准、犊牛的体况和补饲饲料的品质确定。在我国当前的饲养水平下，采用总喂乳量 250~300 kg，60 d 断奶比较合适。对少数饲养水平高、饲料条件好的奶牛场，可采用 30~45 d 断奶，断奶前喂奶量为体重的 10%，总喂乳量在 100 kg 以内。目前国外犊牛早期断奶的哺乳期大多控制在 3~6 周，以 4 周居多，也有喂完 7 d 初乳就进行断奶的报道。英国、美国一般主张哺乳期为 4 周（日本多为 5~6 周），哺乳量控制在 100 kg 以内。

（三）犊牛断奶方案的拟订

生产中要根据犊牛的营养需要，制订合理的断奶方案。荷斯坦犊牛断奶方案如表 4-1 所示。

表 4-1　早期断奶犊牛饲养方案

单位：kg/（头·d）

日龄	喂乳量	开食料
1~10	6	4 日龄开食
11~20	5	0.2
21~30	5	0.5
31~40	4	0.8
41~50	3	1.2
51~60	2	1.5

资料来源：闫明伟.牛生产.2011

（四）断奶期犊牛的饲养

断奶后，犊牛继续饲喂断奶前精、粗饲料。随着月龄的增长，逐渐增加精饲料喂量。至 3~4 月龄时，精饲料喂量增加到每天 1.5~2.0 kg。如果粗饲料质量差，犊牛增重慢，可将精饲料喂量提高到 2.5 kg 左右。同时，选择优质干草供犊牛自由采食。4 月龄前，尽量少喂或不喂青绿多汁饲料和青贮饲料。3~4 月龄以后，可改为饲喂育成牛精饲料。母犊生长速度以日增重 0.65 kg 以上、4 月龄体重 110 kg、6 月龄体重 170 kg 以上比较理想。很多犊牛断奶后 1~2 周内日增重较低，同时表现出消瘦、被毛凌乱、没有光泽等特征。这是犊牛的前胃机能和微生物区系正在建立、尚未发育完善的缘故，随着犊牛采食量的增加，上述现象很快就会消失。精饲料的营养浓度要高，养分要全面、均衡。喂量不能太高，要保证日粮中中性洗涤纤维含量不低于30%。

三、犊牛的管理

（一）新生犊牛的护理

1. 确保犊牛呼吸顺畅

新生犊牛应立即清除其口腔和鼻孔内的黏液，以免妨碍犊牛的正常呼吸和将黏液吸入气管及肺内。如果发现犊牛生后呼吸困难，可将犊牛的后肢提起，或倒提犊牛用以排出口腔和鼻孔内黏液，但时间不宜过长，以免因内脏压迫膈肌，反而造成呼吸困难。对呼吸困难的犊牛，也可采用短小饲草刺激鼻孔和冷水喷淋头部的方法，刺激犊牛呼吸。如犊牛产出时已无呼吸，但尚有心跳，可在清除其口腔及鼻孔黏液后将犊牛在地面摆成仰卧姿势，头侧转，按每6~8 s一次按压与放松犊牛胸部进行人工呼吸，直至犊牛可以自主呼吸为止。

2. 断脐

犊牛的脐带多可自然扯断，当清除犊牛口腔和鼻孔内的黏液后，脐带尚未自然扯断的，应进行人工断脐。在距离犊牛腹部8~10 cm处，用已消毒的剪刀将脐带剪断，挤出脐带中黏液，并用7%（不得低于7%，避免引发犊牛支原体病）的碘酊对脐带及其周围进行消毒，30 min后，可再次消毒，避免犊牛发生脐带炎。正常情况下，经过15 d左右的时间，残留的脐带干缩脱落。

3. 擦干被毛及剥离软蹄

在断脐后，应尽快擦干犊牛身上的被毛，立即转入温室（最低温度在10℃以上），避免犊牛感冒。最好不要让分娩母牛舔舐犊牛，以免建立亲情关系，影响挤奶或胎衣排出。然后，剥离犊牛的软蹄，利于犊牛站立。

4. 隔离

犊牛出生后，应尽快将犊牛与母牛隔离，将新生犊牛放养在干燥、避风的单独犊牛笼内饲养，使其不再与母牛同圈，以免母牛认犊之后不利于挤奶。

5. 饲喂初乳

初乳对新生犊牛具有特殊意义，犊牛出生后应及时吃到初乳，获得被动免疫，减少疾病的发生。

（二）犊牛的管理

1. 哺乳期犊牛

（1）称重、编号、标记、建立档案。犊牛出生后应进行称重和记录，刚出生时要测初生重，以后每隔一个月测量一次犊牛重。同时进行编号，并详细记录其系谱、出生日期、外貌特征等，有条件时可拍照记录外貌特征。对犊牛进行编号，目前国内广泛采用的是塑料耳标法，即在打耳号前先用不褪色的记号笔或打号器在耳标上打上号码，再用耳标钳将写上号码的耳标固定在犊牛的耳朵上。犊牛的号码一般按照出生年月和出生头数编写，如 2016 年 3 月出生的第 8 头牛，可以编为 160308；有的编号要把省份和场别加进去，即第 1 位用汉语拼音表示省，如黑龙江省用"H"；第 2 位表示场号，如完达山牛场用"W"；第三部分表示年份，如 2015 年用"15"；第四部分为牛场出生的顺序号，如"89"号。全部排列即为 HW1589；或者按标准规定编写。一般是在生后 7~10 d 进行。

（2）适时去角。为了便于成年后的管理，减少牛体因用角争斗而受伤，应提倡给母犊去角。去角的最佳时间为出生后 7~14 d。此时去角对牛造成的应激最小。去角常用的方法有加热法和药物法两种。

加热法：采用高温杀死角基细胞，使角失去继续生长能力的方法。一般常用烧红的烙铁或加热到480℃特制电去角器处理角基，使整个角基充分接触烙铁或去角器大约10 s。此法适于3~5周龄稍大的犊牛。

药物法：采用药物处理角基的方法，常用药物为棒状苛性钠（氢氧化钠）或苛性钾（氢氧化钾），一般化学药品店都有销售。具体方法是，先将牛角基部周围的毛剪掉，均匀涂抹上凡士林；然后，手持一端用布或纸包裹的药棒在角根周围轻轻摩擦，直至出血为止，1~2周该处形成的结痂便会脱落，不再长角。

（3）剪除副乳头。乳房有副乳头时不利于乳房清洗，容易发生乳房炎。因此，在犊牛阶段应剪除副乳头。剪除副乳头的最佳时间是2~6周龄，尽量避开夏季。剪除方法是：先清洗、消毒乳房周围部位，然后，轻轻下拉副乳头，用锐利的剪刀（最好用弯剪）沿着基部剪掉副乳头，伤口用2%碘酒消毒或涂抹少许消炎药，有蚊蝇的季节可涂抹少许驱蝇剂。如果乳头过小，不能区分副乳头和正常乳头，可推迟至能够区分时再进行。

（4）预防疾病。犊牛是牛发病率较高的时期，尤其是在生后的头几周。主要原因是犊牛抗病力较差，此期的主要疾病是犊牛肺炎和下痢。生产中可通过提供适宜的环境、科学饲养管理及接种疫苗等措施，预防犊牛疾病的发生。

2. 断奶期犊牛

断奶后的犊牛，除刚断奶时需要特别精心的管理外，以后随着犊牛的长大，对管理的要求相对降低。犊牛断奶后应进行小群饲养，将月龄和体重相近的犊牛分为一群，每群10~15头。每月称重，并做好记录，对生长发育缓慢的犊牛要找出原因。同时，定期测定体尺，根据体尺和体重来评定犊牛的生长发育效果。目前已有研究认为，体高比体重对后备母牛初次产奶量的影响更大。荷斯坦母犊3月龄的理想体高为92 cm，体况评分2.2以上；6月龄理想体高为102~105 cm，胸围124 cm，体况评分 2.3 以上，体重 170 kg 左右。

3. 日常管理

（1）卫生管理。哺乳用具（哺乳壶或乳桶）要严格进行清洗和消毒，程序为冷水冲洗—温热的碱性洗涤水冲洗—温水漂洗干净—倒置晾干，使用前用 85℃ 以上热水或蒸汽消毒。

犊牛栏应保持干燥，并铺以干燥清洁的垫草，垫草应勤打扫、更换。犊牛栏要定期地消毒，在犊牛转出后，应留有 2~3 周的空栏消毒时间。

犊牛舍要保证阳光充足、通风良好、冬暖夏凉，注意保持牛舍清洁、干燥，定期消毒。犊牛一般采取散放饲养，自由采食，自由饮水，应保证饮水和饲料的新鲜、清洁卫生。

（2）刷拭。刷拭犊牛可有效地保持牛体清洁，促进牛体血液循环，增进人牛之间的亲和力。每天给犊牛刷拭 1~2 次。刷拭最好用软毛刷，手法要轻，使牛有舒适感。有条件的牛场可为犊牛提供电动皮毛梳理器，满足刷拭的需要。

（3）运动。气温较高的季节，犊牛生后 2~3 d 即可到舍外进行较短时间的运动，最初每天不超过 1 h。冬季除大风大雪天气外，出生 10 d 的犊牛可在阳侧进行较短的舍外运动。随着日龄增加逐步延长运动时间，由最初的 1 h 到 1 月龄后，每日运动 4 h 以上或任其自由活动。

（4）健康观察。对犊牛进行日常观察，及早发现异常犊牛，及时妥善地处理。日常观察的内容包括：犊牛的被毛、眼神、食欲、采食量、粪便、体温、是否咳嗽或气喘、检查体内外有无寄生虫、饲料是否清洁卫生及体重测定和体尺测量指标是否达标等。

四、犊牛舍饲养管理岗位操作程序

（一）工作目标

（1）犊牛成活率≥95%。

（2）荷斯坦母犊 4 月龄体重≥110kg，6 月龄体重≥170 kg。

（二）工作日程

7：00~8：00　犊牛拴系、喂乳、喂草料。

8：00~9：00　核对牛号、观察牛只采食、精神、腹围、粪便、治疗。

9：00~10：00　牛体卫生，牛舍饲料道、过道的清理等。

14：30~15：30　犊牛拴系、喂乳、喂草料。

15：30~16：30　核对牛号、观察牛只采食、精神、腹围、类便、治疗。

16：30~17：30　清理卫生、其他工作。

21：00~22：00　犊牛拴系、喂乳、喂草料。

22：00~23：00　配合畜牧、饲料加工运输、兽医做好牛只疾病观察和信息传递。

（三）岗位技术规范

（1）犊牛出生后用毛巾清除口、鼻、身上的黏液，断脐，注射疫苗。出生 1 周内犊牛注意保温，保持犊牛栏清洁干燥。

（2）犊牛出生后 1 h 内哺喂初乳，第一次 1.5~2.0 kg，然后按体重 8%~12%供给初乳，保持温度 35~38℃。

（3）按犊牛体重的 6%~10%供给常乳，对早期断奶犊牛按犊牛培育方案操作。

（4）出生 2 周后补喂精料 20~50 g/d，补喂 7~10 d 后逐渐增加，以不下痢为原则：1 月龄 0.25 kg；2 月龄 0.5 kg；3 月龄 0.75 kg。7 d 后补给优质幼嫩青干草，让其自由采食。

（5）哺乳期 90~100 d，全程喂奶量在 250~300 kg。

（6）断奶后逐渐增加开食料 0.75~2.3 kg，以不下痢为原则；第六个月逐渐减少开食料，改为混合饲料。

（7）每天刷拭 2 次，每月称重 1 次。1 个月后放入运动场自由活动，防止阳光暴晒。

（8）保持牛体、圈舍、哺乳用具清洁卫生，饲喂后用干净毛巾擦净牛嘴，防止舔癖。

第二节　育成牛的饲养管理

一、育成牛的生理特点

育成牛是指从 7 月龄到第一次产犊的牛。育成牛生长发育快，瘤胃发育迅速，生殖机能逐渐完善。7～12 月龄是性成熟期，性器官和第二性征发育很快，体躯向高度急剧生长，其前胃已相应发达，容积扩大 1 倍左右。配种受胎后，生长速度变慢，体躯向宽、深发展，在丰富饲养条件下，容易在体内沉积大量的脂肪。育成牛培育的主要任务是保证牛的正常发育。

培育体型高大、膘度适中、消化力强、乳用体型明显的理想奶牛，以及适时配种。

二、育成牛的饲养

（一）7～12 月龄

此期育成牛瘤胃的容积大大增加，利用青粗饲料的能力明显提高，应加强饲养，以获得较大的日增重。育成牛日粮以优质青粗饲料为主，适当补充精料，平均日增重应达到 0.7～0.8 kg。注意粗饲料质量，营养价值低的秸秆不应超过粗饲料总量的 30%。一般精料喂量每天 2.5 kg 左右，从 6 月龄开始训练采食青贮饲料。正常饲养情况下，中国荷斯坦牛 12 月龄体重接近 300 kg，体高 115～120 cm。

（二）12 月龄至初次配种

此阶段育成母牛没有妊娠和产奶负担，而利用粗饲料的能力大大提高。因此，只提供优质青、粗饲料基本能满足其营养需要，可少量补饲精饲料。此期饲养的要点是保证适度的营养供给。营养过高会导致母牛配种时体况过肥，易造成不孕或以后的难产；营养过差会使母牛生长发育抑制，发情延迟，15~16月龄无法达到配种体重，从而影响配种时间。配种前，中国荷斯坦牛的理想体重为350~400 kg（成年体重的70%左右），体高122~126 cm。

（三）初次配种至初次产犊

初孕牛，又称青年牛，是指初配受胎后至初次产犊前的母牛。一般情况下，发育正常的牛在15~16月龄已经配种受胎，此阶段，除母牛自身的生长外，胎儿和乳腺的发育是其突出特点。初孕母牛不得过肥，要保持适当膘情，以刚能看清最后两根肋骨为较理想膘情的上限。

在妊娠初期胎儿增长不快，此时的饲养与配种前基本相同，以粗饲料为主，根据具体膘情补充一定数量的精料，保证优质干草的供应。初孕母牛要注意蛋白质、能量的供给，防止营养不足。舍饲育成母牛精料和青贮饲料每天饲喂3次，精饲料日喂量3 kg左右，每次饲喂后饮水，可在运动场内自由采食干草。

妊娠后期（产前3个月），胎儿生长速度加快，同时乳腺也快速发育，为泌乳做准备，所需营养增多，需要提高饲养水平，可将精料提高至3.5~4.5 kg。食盐和矿物质的喂量应该控制，以防加重乳房水肿；同时应注意维生素A和钙、磷的补充；玉米青贮和苜蓿要限量饲喂。如果这一阶段营养不足，将影响育成牛的体格以及胚胎的发育。

三、育成牛的管理

（1）分群饲养。育成牛应根据年龄和体重情况进行分群，月龄最好相差不超过3个月，活重相差不超过30 kg，每组的头数不超过50头。

（2）定期称重和测定体尺。育成母牛应每月称重，并测量

12月龄、16月龄、初配时的体尺，详细记录档案，作为评判育成母牛生长发育状况的依据。一旦发现异常，应及时查明原因，并采取相应措施进行调整。Hoffman（1997）认为荷斯坦后备母牛产前最佳体高是138~141 cm。

（3）适时配种。育成母牛的适宜配种年龄应依据发育情况而定。此期要注意观察育成牛发情表现，一旦发现发情牛要及时配种。对于隐性发情的育成牛，可以采用直肠检查法判断配种时间，以免漏配。　般情况下，荷斯坦牛14~16月龄体重达到350~400 kg，娟姗牛体重达260~270 kg时，即可进行配种。

（4）加强运动。育成牛每天至少有2 h以上的驱赶运动。在放牧条件下运动时间充足，可达到运动要求。初孕母牛也应加大运动量，以防止难产的发生。

（5）刷拭和调教。育成母牛生长发育快，每天应刷拭1~2次，每次5~10 min，及时去除皮垢，以保持牛体清洁，同时促进皮肤代谢。同时对育成牛及时调教，养成温顺的性格，易于饲养管理。育成母牛若采用传统拴系饲养时要固定床位拴系。

（6）乳房按摩。育成母牛在12月龄以后即可进行乳房按摩。按摩时避免用力过猛，用热毛巾轻轻揉擦，每天1~2次，每次3~5 min，至分娩半个月前停止按摩。严禁试挤奶。

（7）检蹄、修蹄。育成母牛生长速度快，蹄质较软，易磨损。因此，从10月龄开始，每年春、秋季节应各进行一次检蹄、修蹄，以保证牛蹄的健康。初孕母牛如需修蹄，应在妊娠5~6个月前进行。

（8）加强护理，防流保胎。对于初孕牛要加强护理，其中一个重要任务是防流保胎。母牛配种妊娠后，管理必须耐心、细心，经常通过刷拭牛体、按摩乳房等与之接触，使之养成温顺性格。注意清除造成流产的隐患。如冬季勿饮冰碴水，牛舍防止地面结冰，上下槽不急赶，不喂发霉冰冻变质饲料等。

（9）饮水卫生。此期育成牛采食大量粗饲料，必须供应充足清洁的饮水。要在运动场设置充足饮水槽,供牛自由饮用。

（10）初产准备。产前2~3周转入产房饲养。产前2个月,应转入成牛舍与干奶牛一样进行饲养。临产前2~3周,应转入产房饲养,预产期前2~3 d再次对产房进行清理消毒。初产母牛难产率较高,要提前准备齐全助产器械,做好助产和接产准备。

四、育成牛舍饲养管理岗位操作程序

（一）工作目标

（1）按时达到理想体型、体重标准。

（2）保证适时发情、及时配种受胎。

（3）乳腺充分发育。

（4）顺利产犊。

（二）工作日程

7：00~8：00　拴系牛只、喂草料、核对牛号、观察牛只采食、精神、腹围、粪便等。

8：00~9：00　发情鉴定、配种、填写报表。

9：00~10：00　刷拭牛体、牛舍饲料道和过道的清扫、清洁卫生。

14：30~15：30　拴系牛只、喂草料、核对牛号、观察牛只采食、精神、腹围、粪便等。

15：30~16：30　刷拭牛体、对产前2个月的牛只进行乳房按摩。

16：30~17：30　清理卫生、配种及其他工作。

21：00~22：00　配合畜牧、饲料加工运输、兽医做好牛只疾病观察和信息传递。

（三）岗位技术规范

（1）每天刷拭2次,保持体躯清洁,每月称重1次。

（2）保持牛体、圈舍、饲喂用具清洁卫生。

（3）12 月龄前和 12 月龄后的牛分群饲养。

（4）饲喂制度实行 3 次上槽或 2 次上槽，并在运动场设饲槽，自由采食干草。人工饲喂标准是先粗后精，先干后湿，先喂后饮，少喂勤添，及时清理（不空槽、不堆槽）。

（5）一般在 12 月龄开始按摩乳房，妊娠后每天 2 次用温水按摩，不得进行试挤奶。

（6）15~16 月龄体重达到 350~400 kg，进行配种。

（7）日粮以干草、青贮料为主。根据粗饲料质量，饲喂精料，一般每天 2~3 kg，注意补充蛋白质饲料。

（8）妊娠 3 个月后，应加强管理，观察食欲，注意生理变化，体况不宜过肥。

（9）临产前 2 周，应转入产房饲养，预产期前 2~3 d 再次对产房进行清理消毒，做好助产和接产准备。

第三节　种公牛的饲养管理

种公牛对牛群发展和提高牛群品质，加速黄牛改良进度起着极其重要的作用。

一、种公牛的生理特性

（一）记忆力强

种公牛对其接触过的人和事记忆深刻，多年不忘。例如，对治过病的兽医或对其粗暴殴打的人，再次接触都有抵触的表现，甚至有报复行为。因此，要固定专人管理，通过饲喂、饮水、刷拭等活动加以调教，摸透脾气以便管理，不要给予恶性刺激。

（二）防御反射强

种公牛具有较强的自卫性，当陌生人接近或态度粗暴时，立即引起防御反射，表现出两眼圆睁、鼻出粗气、前蹄刨地、低头两角对准目标的争斗态势。一旦公牛脱缰时还会出现"追捕反射"，追赶逃窜的活体目标。

（三）性反射强

公牛在采精时勃起反射、爬跨反射、射精反射都很强，射精冲力很猛。如果长期不采精或采精技术不良，公牛的性格往往变坏，容易出现顶人和自淫的恶癖。

二、种公牛的饲养管理

（一）后备公牛的饲养

1. 哺乳时间控制

初生公犊牛的饲养一般与母犊相同，2月龄以后，公犊可按其体重的 8%~10% 喂奶。至 5 周龄时应增加优质干草的供应，7~8 周龄时进行断奶，后备种公牛也可适当延长哺乳时间。

2. 饲草饲料供应

供给种公犊的奶、草和精饲料，应该品质优良，日粮营养搭配要完善。同时应保证矿物质和脂溶性维生素，特别是维生素 A 的供应。避免使用抗生素和激素类药物，以免影响种公犊的性机能正常发育。

3. 精粗比例确定

育成公牛的日粮中，精粗饲料的比例依粗料的质量而异。以青草为主时，精粗饲料的干物质比例可为 55：45；以干草为主时，其比例可为 60：40。从断奶开始，育成公牛应与母牛隔离，单槽饲养。

（二）种公牛的饲养

1. 饲料喂量确定

采用人工授精、无配种季节性的种公牛，粗饲料每日饲喂量可按每 100 kg 体重 1.5 kg 干草、1.0~1.5 kg 块根块茎类饲料、0.8~1.0 kg 青贮料供给，精料喂量可按每 100 kg 体重 0.5~1.0 kg 供给，具体以干草质量而定。有配种季节性的种公牛，在配种季节到来前 2 个月左右就应加强营养，因精子在睾丸中形成到射精约需 8 周时间才达到成熟。

2. 保证饲料品质

成年种公牛的饲料必须品质优良。要求供应优质的蛋白质饲料，切忌腐败变质。对菜籽饼、棉籽饼应限量供给，以不影响适口性和引起消化道疾病为宜。青贮饲料含有较多的乳酸，供应量应限制在 10.0 kg/d 以下。富含蛋白质的精料有利于精液形成，它属于生理酸性饲料，喂量过多易在体内产生大量有机酸，对精子的形成不利。

3. 科学配制日粮

种公牛的日粮必须是全价日粮，各种营养成分必须完善。蛋白质的数量和质量均应满足需求。矿物质、维生素对精液的形成和品质以及健康都不可缺少。成年种公牛钙、磷的需要量低于泌乳母牛，精料喂量少时必须补磷。维生素 A 是种公牛最重要的维生素之一，日粮中缺乏会影响精子的形成，使畸形精子数增加，也会引起睾丸上皮组织细胞角化，应注意维生素 A 和维生素 E 的供应。微量元素锰不足，会引起睾丸萎缩，锰元素的供应量应按饲养标准供给。必需脂肪酸对雄性激素的形成十分重要，应满足供应。此外，种公牛的饲粮应高品质、多种类饲料配制，限量饲喂酒糟、果渣和粉渣等副产品饲料。

种公牛的日粮应易于消化，且容积不宜太大，粗饲料太多会抑制种公牛的性活动，应合理搭配使用青绿多汁饲料，避免形成草腹，妨碍配种。

4. 充分满足饮水

种公牛饮水应充足，水要干净清洁，冬季最好是温水；夏季自由饮水。采精和配种前后 1 h 之内不能饮水。

（三）种公牛的管理

管理种公牛要领：恩威并施，驯教为主。饲养员平时不得逗弄、鞭打或训斥公牛。但要掌握厉声呵斥即令驯服的技能。

1. 合理设计牛舍

公牛舍除严寒地区外，一般以敞棚式为宜。公牛舍设计必须考虑人畜安全，牛舍围栏设置栏杆，其间距要保证饲养员能侧身通过。

2. 单栏饲养

公牛好斗，为确保种公牛的安全，从断奶开始，必须分栏饲养，每牛一栏。

3. 编号

多用耳标法。编号方法按照国家规定进行，并做好登记。

4. 拴系与牵引

种公牛生后 6 个月带笼头，10~12 月龄穿鼻环，穿鼻环应在鼻中隔软骨前柔软处进行，穿刺的位置不应太靠后，以便在鼻孔外给鼻环留有拴缰绳或铁链的余地。最初用小号鼻环，2 岁以后换成大号鼻环。鼻环需用皮带吊起，系于缠角带上，缠角带用滚缰皮缠牢，缠角带拴有两条细铁链，通过鼻环左右分开，拴系在两侧的立柱上，注意牢固，严防脱缰。公牛的牵引应坚持双绳牵引，由两人将牛牵走，人和牛应保持一定距离，一人在牛的左侧，一人在牛的后面。对性情不温驯的公牛，须用勾棒进行牵引。由一人牵住缰绳的同时，另一人两手握住勾棒，勾搭在鼻环上以控制其行为。

5. 运动

种公牛必须坚持运动，实践证明，运动不足或长期拴系，会使公牛发胖，性情变坏，精液品质下降，患消化系统疾病和肢蹄病等。运动过度或使役过度，对公牛的健康和精液品质同样有不良影响。种公牛站因公牛头数较多，常设置旋转架，每次同时运动数头。要求上、下午各运动一次，每次 1.5~2 h，行走距离 4 km 左右，运动方式有钢丝绳运动，旋转牵引运动。经常调整运动方向，以防肢势异常。

6. 刷拭

坚持每天定时进行刷拭 1~2 次，冬天干刷，夏季水洗。平时应经常清除牛体的污物。刷拭重点是角间、额、颈和尾根部，这些部位易藏污纳垢，发生奇痒，如不及时刷拭往往使牛不安，甚至养成顶人恶癖。

7. 护蹄

护蹄是一项经常性的工作，饲养人员随时检查肢蹄，主要检查是否有以下缺陷，如 X 形腿、后肢后踏、膝内弯、腿向内呈弧形、外八字、内八字脚等。应经常保持蹄壁和蹄叉的清洁，对蹄型不正的牛要按时修削矫正，每年春秋两季各修蹄 1 次。同时要保持牛舍、运动场干燥。为防止蹄壁破裂可涂凡士林或无刺激油脂。种公牛蹄病治疗不及时，会影响采精，严重者继发四肢疾病，甚至失去配种能力，必须引起高度重视。

8. 按摩睾丸

按摩睾丸是一种特殊的操作项目，每天坚持一次，与刷拭结合进行。每次 5~10 min，为改善精液品质，可增加一次或按摩时间延长。要经常保护阴囊清洁，定期进行冷敷，改善精液质量。定期做精液质量的检查与评价，测量阴囊围长，以便及时改善和调整饲料营养水平。

9. 防暑

目前饲养的欧洲纯种肉牛品种，一般耐热性能较差，当气温上升到 30℃ 以上时，往往会影响公牛精液品质，需采取防暑措施。夏季可进行洗浴，以防暑散热，同时清洁皮肤。牛场内可安装淋浴设施或设置药浴池，便于定期淋浴及驱虫。

10. 称重

成年种公牛每月称重一次，根据体重变化情况，进行合理的饲养管理。

（四）种公牛的利用

种公牛开始采精的年龄依品种、体重等而有所不同。合理利用公牛是保持健康和延长使用年限的重要措施，对于幼龄公牛一般在18月龄开始，每月采精2~3次，以后逐渐增加到每周2次。2岁以上每周采精2~3次，成年种公牛每周4~5次，每次可射精2次，中间间隔10 min左右。采精宜早晚进行，一般多在喂饲后或运动后0.5 h进行。要注意检查公牛的体重、体温、精液品质及性反射能力等，保证种公牛的健康。公牛交配或采精间隔时间要均衡，严格执行定日、定时采精、风雨不停，不能随意延长间隔时间，以免造成公牛自淫恶习。

第四节　育肥牛的饲养管理

肉牛育肥是指通过增加肉牛日粮中精饲料比例，使肉牛尽早达到屠宰要求标准的育肥过程。肉牛育肥，按饲养方式可分为放牧育肥和舍饲育肥；按育肥形式可分为持续育肥（直线育肥）和后期集中育肥；按牛的年龄划分又可分为犊牛育肥、架子牛育肥和成年牛育肥。

一、犊牛育肥

（一）小白牛肉生产技术

小白牛肉是指将不做繁育用的公犊牛经过全乳、脱脂乳或代乳品育肥所生产的牛肉。犊牛从出生到出栏，经过90~100 d，完全用脱脂乳或代用乳饲养，不喂任何其他饲料，让牛始终保持单胃（真胃）消化和严重缺铁状态（食物中铁含量少），体重达 100 kg 左右屠宰。若要犊牛增重快，应加喂植物油，但植物油必须经过氢化，如氢化棕榈油。牛肉呈白色，柔嫩多汁，味道极为鲜美，是一种昂贵的高档牛肉。其价格是一般牛肉的 8~10 倍。因小白牛肉生产成本过高，目前我国生产还很少。其生产的具体方法是：

（1）犊牛选择。犊牛要选择优良的肉用品种、乳用品种、兼用品种或高代杂交牛所生的公犊牛。选健康无病、消化吸收机能强、生长发育快，初生体重为 38~45 kg 的公犊牛。

（2）饲养方案。犊牛出生后 1 周内，一定要吃足初乳。出生 3d 后应与母牛分开，实行人工哺乳，每日哺喂 3 次。生产小白牛肉每增重 1 kg 牛肉，约消耗 10 kg 鲜牛奶，很不经济。近年采用代乳料（严格控制其中含铁量）或人工乳来喂养，平均每生产 1 kg 小白牛肉需要 1.3 kg 的代乳料或人工乳干物质，以降低生产成本，育肥期平均日增重 0.8~1.0 kg。犊牛出生时，瘤胃发育较差，如出生后完全用全乳或代用乳饲喂，可以抑制胃的活动和发育，使犊牛不反刍和不发生"空腹感"，从而使犊牛快速生长发育。

（3）管理技术。牛栏多采用漏粪地板，不要接触泥土。圈养，每栏 10 头，每头占地 2.5~3.0 m²。舍内要求光照充足、干燥、通风良好，温度在 15~20℃。

（二）小牛肉生产技术

小牛肉是指犊牛出生后饲养至 7~8 月龄或 12 月龄以前，以乳为主，辅以少量精料培育，体重达到 250~400 kg 屠宰后获得的牛肉。小牛肉分大胴体和小胴体。犊牛育肥至 6~8 月龄，体重达到 250~300 kg，屠宰率 58%~62%，胴体重 130~150 kg 称为小胴体。如果育肥至 8~12 月龄屠宰活重达到 350 kg 以上，胴体重 200 kg 以上，则称为大胴体。其肉质呈淡粉红色，柔嫩多汁，味道鲜美，胴体表面均匀覆盖一层白色脂肪。小牛肉是理想的高档牛肉，发展前景十分广阔。生产的具体方法是：

（1）犊牛选择。优良的肉用品种、兼用品种、乳用品种或杂交种均可。选头方大、前管围粗壮、蹄大、健康无病、未去势，初生体重不少于 38 kg 的公犊牛。

（2）育肥技术。小牛肉生产实际是育肥与犊牛的生长同期。初生犊牛要尽早喂给初乳，犊牛出生后 3 d 内可以采用随母哺乳，也可以采用人工哺乳，但出生 3 d 后必须改由人工哺乳，1月龄内按体重的 8%~9% 哺喂牛奶。5~7 日龄开始练习采食精料，以后逐渐增加到 0.5~0.6 kg，青干草或青草任其自由采食。以后的喂乳量可基本呈先增后降的状态，精料和青干草则继续增加，直至育肥到 6 月龄为止。可以在此阶段出售，也可继续育肥至 7~8 月龄或 1 周岁出栏。出栏时期的选择，根据消费者对小牛肉口味喜好的要求而定。

（3）管理技术。犊牛在 4 周龄前要严格控制喂乳速度、乳温（37~38℃）及乳的卫生等，以防引起消化不良或腹泻。5 周龄以后可拴系饲养，减少运动，每日晒太阳 3~4 h。夏季要防暑降温，冬季室内饲养（最佳温度 18~20℃）。每天应刷拭一次，保持牛体卫生。犊牛在育肥期内每天饲喂 2~3 次，自由饮水，夏季饮凉水，冬季饮 20℃ 左右温水。保持牛体清洁，日刷拭牛体 2 次，以增加血液循环，促进食欲。

二、肉牛持续育肥技术

肉牛持续育肥又称直线育肥，是指犊牛断奶后即进行持续育肥，期间保持均衡营养供给，进入生长和育肥同步进行的饲养阶段，一直到出栏体重（12~18 月龄，体重 400~500 kg）。使用这种方法，日粮中的精料可占总营养物质的 50% 以上。既可采用放牧加补饲的育肥方式，也可采用舍饲育肥方式。持续育肥生产周期短，饲料利用率高，肉质仅次于小牛肉，是一种很有推广价值的育肥方法。

（一）放牧加补饲持续育肥法

以青粗饲料为主，18月龄出栏的育肥模式。在牧草条件较好的地区，犊牛断奶后，以放牧为主，根据草场情况，适当补充精料或干草，使其在18月龄体重达500 kg。随母牛哺乳阶段，犊牛平均日增重达到0.9~1.0 kg。冬季日增重保持0.4~0.6 kg，第二个夏季日增重在0.9 kg，在枯草季节，对杂交牛每天每头补喂精料1~2 kg。

在放牧条件下，一般春季饲草水分含量、蛋白质含量和维生素含量都比较高，利于犊牛发育生长，但能量、粗纤维和钙、磷、矿物质不足，应给予一些补充料，一般补喂一定量的干草和矿物质添加剂和矿物舔砖等。由于采食青草的牛对干草的食欲下降，因此，应在放牧前补饲干草，并且应适当控制放牧时间，否则干草采食量不足，容易发生消化不良和瘤胃膨胀。冬季大雪封地后可转入舍饲育肥。根据我国草场的实际情况，以春季产犊，经过一个冬季于第二年秋季体重达到500 kg左右出栏较好，饲养全程18个月。

（二）放牧—舍饲—放牧持续育肥法

此种育肥方法适合于9—11月出生的秋犊。哺乳期日增重0.6 kg，断奶时体重达到70 kg。断奶后以喂粗饲料为主，进行冬季舍饲，自由采食青贮料或干草，日喂精料不超过2kg，平均日增重0.9 kg。到6月龄体重达到180 kg。然后在优良牧草地放牧，要求平均日增重保持0.8 kg，到12月龄达到320 kg左右转入舍饲，自由采食青贮料。日喂精料2~5 kg，平均日增重0.9 kg，到18月龄，体重达490 kg。

（三）舍饲持续育肥法

采取舍饲持续育肥法首先制订生产计划，然后按阶段进行饲养。犊牛断奶后即进行持续育肥，犊牛的饲养取决于培育的强度和屠宰时的月龄，强度培育到12~15月龄屠宰时，需要提供较高的饲养水平，以使育肥牛的平均日增重达到 1 kg 以上。制订育肥生产计划，要考虑到市场需求、饲养成本、牛场的条件、品种、培育强度及屠宰上市的月龄等。进行阶段饲养就是按肉牛的生理特点、生长发育规律及营养需要特征将整个肥育期分成哺乳犊牛饲养期、非哺乳犊牛肥育期和育成牛肥育期 3 个阶段，并分别采取相应的饲养管理措施。

第五章　羊的规模化养殖技术

第一节　羊的常规饲养管理

一、羊的饲养方式

(一) 放牧饲养

1. 放牧羊群的组织

由于不同类型的绵、山羊在合群性、采食能力、行走速度和对牧草的选择能力等方面存在一定的差异，因此，放牧前，应根据羊的类型、品种、性别、年龄和健康等因素合理组群，尽可能保持同群羊的一致性，便于放牧管理。羊群的大小，应按当地的放牧草场状况和牧工的技术水平而定。牧区草场大，饲草资源丰富，组群可大一些，一般可达200~300只，农区草地资源有限，多为农闲地、田边地角、滩涂地等，组群可缩小，一般50~100只不等。另外，放牧地地势平坦，牧工技术水平高，组群可大，反之则小。

2. 放牧地的选择

放牧前应对牧地的地形、植被、水源、有无毒草等全面了解，不要在低洼、潮湿、沼泽和生长茅草、苍耳草多的地方放牧。其次要根据羊的类型和品种选用放牧地。细毛羊、半细毛羊、毛皮用羊、肉用绵羊应选择地势平坦、以禾本科为主的低矮型草场进行放牧；毛用和绒用山羊应选灌丛较少、地势高燥、坡度不大的草山、草坡放牧；肉用山羊被毛短、行动敏捷、喜食细嫩枝叶，适宜于山地灌丛草场放牧。在牧区，放牧地常划分四季、三季或两季牧场，轮流利用季节牧场。

3. 四季放牧要点

（1）春季。

春季羊群体力乏弱，营养较差，应以放牧为辅，补饲为主；春季正是牧草交替之际，青草萌发早但薄而稀，应防止"跑青"；春季草嫩，含水量高，早上天冷，不能放露水草，否则易引起拉稀；春季潮湿，是寄生虫繁殖孳生的适宜时期，要注意驱虫，保持羊圈卫生；春季羊体瘦弱，对乏羊应单独照顾，注意补饲。

（2）夏季。

夏季百草茂盛，应早出晚归，争取有效放牧时间，进行抓膘；夏季气候炎热，蚊蝇较多，放牧应注意风向，上午顺风出牧，顶风归牧，中午防止羊群扎堆，下午顶风出牧，顺风归牧；夏季羊群体力有所恢复，择草乱跑，放牧应稳住羊群，采用生坡、熟坡交替放牧，早上羊饿，出牧先放熟坡，吃上一个饱以后，再放生坡；夏季羊群处于生产繁忙季节，放牧应有计划的合理安排。

（3）秋季。

秋季牧草开花结籽，营养丰富，应最大限度争取有效放牧时间，早出晚归，中午不休息，必要时进行"夜牧"，在抓好夏膘的基础上抓好秋膘；秋季茬田较多，遗留粮食作物和牧草营养丰富，是放牧抓膘的好场所；秋末气候变冷，应防止羊群采食"霜冻草"，以免造成消化不良。

（4）冬季。

冬季风雪频繁，气候严寒，羊群应近距离放牧，防止暴风雪侵袭；随着深冬季节的来临，牧地上积雪增多，放牧羊群时，对冬牧场的利用，应先高后低，先远后近，先阴后阳，先沟后平；冬季母羊正处于怀孕后期和哺乳前期。应以放牧为辅，补饲为主，防止母羊跌倒、滑倒，以免引起流产。

（二）舍饲饲养

舍饲饲养是把羊群关在羊舍内，采用人工配制饲料，完成喂、饮、运动的饲养方式。它减少了放牧游走的能量消耗，有利于肉羊的育肥和奶羊形成更多的乳汁。由于我国耕地面积逐渐减少，草地因载畜量过大和无计划、无管理的放牧，草地植被退化严重。因此，应鼓励农、牧民种草养畜，充分利用丰富的农副产品资源，走设施养羊的道路。

（1）舍饲养羊必须要收集和贮备大量的青绿饲料、干草、秸秆和精料，保证全年草料的均衡供应。要科学配合饲料，合理加工调制，正确补饲和饮水。补饲时应先给次草次料，再给好草好料。

（2）舍饲饲养要有适宜于各地饲养的较宽敞的羊舍和饲喂机具如草架、料槽等，并开辟一定面积的运动场。

（3）舍饲养羊成本较高，必须要有相应的配套技术来提高羊群的生产力和出栏率。为使产羔集中，便于管理，应推行同期发情、人工授精技术；为加快羊群周转，应推行羔羊早期断奶，当年羔羊快速育肥技术；为利用杂种优势进行杂交生产，应引进高产良种，做好风土驯化和纯种选育提高工作；为搞好羊群的卫生保健，应加强消毒，免疫注射、疾病治疗等工作；为使养羊逐步走向规模化、专业化，应加强设备的更新和现代化，采用机械化舍饲养羊。

（三）放牧加补饲饲养

这是一种放牧与舍饲相结合的饲养方式。应根据不同季节牧草生长的数量和品质、羊群本身的生理状况，确定每天放牧时间的长短和在羊舍内饲喂的次数与草料数量。夏秋季节，各种牧草生长茂盛，通过放牧能满足羊只营养需要，可以不补饲或少补饲。冬、春季节牧草枯萎，量少质差，单纯放牧不能满足羊的营养需要，必须在羊舍进行较多的补饲。

二、羊的日常管理

（一）绵羊的剪毛

1. 剪毛的时间安排

细毛羊、半细毛羊及其生产同质毛的杂种羊，一年内一般只在春季进行一次性剪毛。粗毛羊和生产异质毛的杂种羊，可在春、秋季节各剪毛一次。

2. 剪毛的准备工作

（1）剪毛羊群的准备。羊群的剪毛从低价值羊开始，同一品种，应按羯羊、试情公羊、幼龄羊、母羊和种公羊的顺序进行；不同品种应按粗毛羊、杂种羊、细毛羊或半细毛羊的顺序进行。患皮肤病和外寄生虫病的羊最后剪毛；剪毛前 12 h，停止羊群的放牧、饮水和喂料，保证剪毛时空腹，以免剪毛时粪便污染羊毛和发生伤亡事故；剪毛前 2~3 h 先将羊只赶入较集中的羊圈，靠相互的体温使羊毛脂软化，便于剪毛。

（2）剪毛设备的准备。主要包括剪毛台、电动毛剪、手工毛剪、磨刀机、定动刀片、砂纸。羊毛打包机、毛包、羊毛鉴定分级用具等设备。要求按计划配备剪毛机的数量，并至少备有 1 套以上的备用剪毛设备、易损零部件、维修工具及适量的润滑油和消毒液。

（3）剪毛人员的准备。剪毛人员应提前接受培训，经考核合格后方可参加剪毛工作；除剪毛技术员外应配置兽医人员、羊只运送、粪便碎散毛清洁人员、送毛人员及分级打包人员。

（4）剪毛场地的准备。剪毛场地清扫干净并消毒，要求场地开阔、平整干燥，且采光、通风良好；剪毛台高于地面 15~25 cm，其材质可以为木板、水泥、水磨石等，或用帆布、塑料布与地面分隔，禁止使用聚丙烯、油漆等易引起异性纤维污染的材料；剪毛结束后及时打扫卫生并消毒地面。

3. 剪毛的方法步骤

羊只剪毛的方法有手工剪毛和机械剪毛两种。手工剪毛劳动强度大，每人每天可剪 20~30 只。机械剪毛速度快，羊毛质量好，效率比手工剪毛高 3~4 倍。剪毛时，先让羊左侧卧在剪毛台上，羊背靠剪毛员，腹部向外，并从右后肋部开始由后向前剪掉腹部、胸部和右侧前后肢的羊毛，然后再翻转羊使其右侧卧下，腹部朝向剪毛员，剪毛员用手提直绵羊左后腿，从左后腿内侧剪到外侧，再从左后腿外侧至左侧臀部、背部、肩部直至颈部，纵向长距离剪去羊体左侧羊毛；最后使羊坐起，靠在剪毛员两腿间，从头顶向下，横向剪去右侧颈部及右肩部羊毛，同时剪去右侧被毛，并检查全身，剪去遗留下的羊毛。

4. 剪毛的注意事项

剪毛要紧贴皮肤、毛茬短、整齐均匀、不漏剪，切记剪伤羊只皮肤、母羊乳头和公羊睾丸等；留毛茬高度在 0.5 cm 以内，严禁剪二刀毛；剪毛顺序不可混乱，争取剪出套毛，保证套毛的完整；剪毛时应手轻心细，端平电剪，遇到皮肤皱褶处，应轻轻将皮肤展开再剪，防止剪伤皮肤，不慎损伤皮肤时，应立即涂以碘酒消毒治疗；剪毛期间应尽可能防止羊只剧烈活动，动作必须轻柔，防止肠扭转；剪毛后应适当控制羊的采食，以防引起消化不良，1 周内尽可能在离羊舍较近的草场放牧，以免突遇降温天气而造成损失。

（二）山羊的梳绒

（1）梳绒的时间安排。绒山羊每年梳绒一次，当绒毛根部与皮肤脱离时（俗称"起浮"），梳绒最为适宜，一般在 4~5 月进行。

（2）梳绒的常用工具。梳绒工具分 2 种：一种是稀梳，由 5~8 根钢丝组成，钢丝间距为 2~2.5 cm；另一种是密梳，由 12~18 根钢丝组成，钢丝间距为 0.5~1.0 cm。如图 5-1 所示。

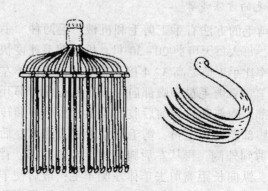

图5-1　抓绒梳子

（3）梳绒的基本方法。梳绒的方法有手工梳绒和机械梳绒。梳绒时将羊保定，一般从尾根部或四肢开始梳，这样利于操作。每只羊每次梳绒后要及时填写梳绒记录。梳绒前1周要培训好梳绒人员，检修梳绒工具，清扫、消毒梳绒场所，备好梳绒记录。梳绒时先用剪刀将羊毛打梢（不要剪掉绒尖），然后将羊角用绳子拴住，随之将羊侧卧在干净地方，其贴地面的前肢和后肢绑在一起，梳绒者将脚插人其中（以防羊只翻身，发生肠扭转）。首先用稀梳顺毛方向，轻轻地由上至下清理掉羊身上沾带的碎草、粪块及污垢。然后用梳子从头部梳起，一只手在梳子上面稍下压帮助另一只手梳绒。手劲要均匀，并轻快有力地弹扣在绒丛上，不要平梳，以免梳顺耙不挂绒。一般梳子与羊体表面呈30°~45°，距离要短，顺毛沿颈、肩、背、腰、股、腹等部位依次进行梳绒。梳子上的绒积存到一定数量后，将羊绒从梳子上退下来（1梳子可积绒50~100 g），放入干净的桶中。这样，羊绒紧缩成片，易包装不丢失。稀梳抓梳完后，再用密梳逆毛抓梳一遍至梳净为止。一侧梳好后再梳另一侧，并做好梳绒记录。因起伏程度不同，有的羊只一次很难梳净，过1周左右再梳绒1次。对羔羊，育成羊和个别比较难梳绒的个体采取剪绒。

（4）梳绒的注意事项。梳绒前后要求天气晴朗，避免雨淋，预防感冒；羊只梳绒前禁食 12～18 h，放倒羊时要按一个方向，即从哪侧放倒，要从哪侧立起，以防羊只大翻身出现肠扭转、臌气而导致猝死；梳绒动作要轻而稳，贴近皮肤，快而均匀，切记过猛，以防伤耙（皮肤脱离肌肉，损伤绒毛囊，伤后将不再生长绒毛）；对妊娠羊动作切记要轻，以防流产，最好产羔后梳绒；对无法梳绒的，个体可用长剪紧贴皮肤将绒毛剪下；对患有皮肤病的羊只单独梳绒，耙子用后及时消毒，以防传染；梳绒时要注意羊只的面部、耳部安全，还应保护好乳房、包皮等器官，扯坏的地方，要涂碘酒消毒，必要时做缝合处理；梳绒以后，要注意羊舍温度，以防羊只感冒。随时观察羊只有无异常，如发现精神不振、不食草，应检查是否有伤疤或其他原因，以便及时诊治。

（三）奶羊的挤奶

挤奶是奶山羊泌乳期的一项日常性管理工作，技术要求高，劳动强度大。挤奶技术的好坏，不仅影响产奶量，而且会因操作不当而造成羊乳房疾病。应按下列程序操作：

（1）奶羊保定。将羊牵上挤奶台（已习惯挤奶的母羊，会自动走上挤奶台），然后再用颈枷或绳子固定。在挤奶台前方的食槽内撒上一些混合精料，使其安静采食，方便挤奶。

（2）按摩乳房。挤奶羊保定以后，用清洁毛巾在温水中浸湿，擦洗乳房两三遍，再用干毛巾擦干。并以柔和动作左右对揉几次，再由上而下按摩，促使羊的乳房变得充盈而有弹性。每次挤奶时，分别于擦洗乳房时、挤奶前、挤出部分乳汁后，按摩乳房三四次，有利于将奶挤干净。

（3）挤奶方法。挤奶可采用拳握法或滑挤法，以拳握法较好，每天挤奶 2 次。如日产奶在 5 kg 以上，挤奶 3 次；日产奶 10 kg 以上挤奶 4 次。每次挤奶前，最初几把奶不要。挤奶结束后，要及时称重并做好记录，必须做到准确、完整，保证资料的可靠性。

大型奶羊场，往往实行机械化挤奶，可以减轻挤奶员的劳动强度，提高工作效率和乳的质量。要求设立专门的挤奶间并安装挤奶设备（内设挤奶台、真空系统和挤奶器等），同时设立贮奶间配备清洁无菌的贮奶用具（冷装冷却罐）。适宜的挤奶程序为：定时挤奶（羊只进入清洁而宁静的挤奶台）→冲洗乳房→按摩乳房→检查乳头→戴好挤奶杯→开始挤奶（擦洗后 1 min 内）→集乳→取掉乳杯→消毒液浸泡乳头→放出羊只→清洗挤奶用具及挤奶间。山羊挤奶器无论提桶式或管道式，其脉动频率均为 60~80 次/min，节拍比 60：40，真空管道压力为（280~380）×133.3 Pa。挤奶系统应经常保持卫生，定期进行检查与维修。

（4）贮存羊奶。羊奶称重后经四层纱布过滤，之后装入盛奶瓶，及时送往收奶站或经消毒处理后，短期保存。消毒方法一般采用低温巴氏消毒，即将羊奶加热（最好是间接加热）至 60~65℃，并保持 30 min，可以起到灭菌和保鲜的作用。

（5）卫生清理。挤奶完毕后，须将挤奶时的地面、挤奶台、饲槽、清洁用具、毛巾、奶桶等清洗、打扫干净。毛巾等可煮沸消毒后晾干，以备下次挤奶使用。

（四）羊只的编号

羊的个体编号是开展羊育种工作不可缺少的技术项目，编号要求简明，易于识别，字迹清晰，不易脱落，有一定的科学性、系统性，便于资料的保存、统计和管理。现阶段羊场主要采用耳标法。用金属耳标或塑料耳标，在羊耳适当位置（耳上缘血管较少处）打孔、安装。耳标上应标明品种、年号、个体号。

羊只经过鉴定，在耳朵上将鉴定的等级进行标记，等级号在鉴定后，根据鉴定结果，用剪耳缺的方法注明该羊的等级。

纯种羊打在右耳上，杂种羊打在左耳上。具体规定如下：

特级羊：在耳尖剪一个缺口；一级羊：在耳下缘剪一个缺口；二级羊：在耳下缘剪二个缺口；三级羊：在耳上缘剪一个缺口；四级羊：在耳上、下缘各剪一个缺口。

（五）绵羊的断尾

绵羊的断尾主要应用于细毛羊、半细毛羊及高代杂种羊，断尾应在羔羊出生 7~10 d 进行。方法有结扎法与热断法两种。

（1）结扎法。用橡皮圈在第 3 和第 4 尾椎之间紧紧扎住，阻止血液流通，经过 10~15 d，尾的下部萎缩并自行脱落。此法简便易行，便于推广，但所需时间较长，要求技术人员应定期检查，防止橡皮圈断裂或由于不能扎紧，而导致断尾失败。

（2）热断法。设计专用铲头，长 10 cm、宽 7 cm、厚 0.5 cm，上有长柄并装有木把的断尾铲及两块长 30 cm、宽 20 cm、厚 4~5 cm 的木板，两面包上铁皮，其中一块的一端挖一个半径 2~3 cm 的半圆形缺口。操作时，需两人配合。首先将不带缺口的木板水平放置，一人保定好羔羊，并将羔羊尾巴放在木板上；另一人用带缺口的木板固定羔羊尾巴，且使木板直立，用烧至暗红色的铁铲紧贴直立的木板压向尾巴，将其断下。若流血可用热铲止血，并用碘酊消毒。

（六）羔羊的去势

凡不宜作种用的公羔要进行去势，去势时间一般在 1~2 周龄，多在春、秋两季气候凉爽、晴朗的时候进行。去势的方法有阉割法和结扎法。

（1）阉割法。将羊保定后，用碘酒和酒精对术部消毒，术者左手紧握阴囊上端，将睾丸压迫到阴囊底部，右手用刀在阴囊下端与阴囊中隔平行的位置切开，切口大小以能挤出睾丸为度。睾丸挤出后，将阴囊皮肤向上推，暴露精索，采用剪断或拧断的方法均可。在精索断端涂以碘酒消毒，在阴囊皮肤切口处撒上少量消炎粉即可。

（2）结扎法。术者左手握紧阴囊基部，右手撑开橡皮筋将阴囊套入，反复扎紧以阻断下部的血液流道。经 15~20 d，阴囊连同睾丸自然脱落。此法较适合 1 月龄左右的羔羊。在结扎后，要注意检查，防止结扎效果不好或结扎部位发炎、感染。

（3）去势钳法。用专用的去势钳在公羔的阴囊上部将精索夹断，睾丸便逐渐萎缩。该方法快速有效，但操作者要有一定的经验。

（4）10%碘酊药物去势法。操作人员一手将公羔的睾丸挤到阴囊底部，并对其阴囊顶部与睾丸对应处消毒，另一手拿吸有消睾注射液的注射器，从睾丸顶部顺睾丸长径方向平行进针，扎入睾丸实质，针尖抵达睾丸下 1/3 处时慢慢注射。边注射边退针，使药液停留于睾丸中 1/3 处。依同法做另一侧睾丸注射。公羔注射后的睾丸呈膨胀状态，所以切勿挤压，以防药物外溢。药物的注射量为 1.5~2 ml/只，注射时最好用 9 号针头。

（七）羊只的防疫

羊的防疫是预防羊群传染病发生的有效手段，主要预防的传染病有炭疽、口蹄疫、羊痘、羊快疫、羊肠毒血症、羔羊痢疾、羊布氏杆菌病、羊大肠杆菌病、羊坏死杆菌病等疫病。各地应严格检疫、预防和治疗。

（1）建立健全兽医卫生防疫制度。要加强羊群的饲养管理，搞好圈舍环境的消毒灭源工作，粪便进行无害化处理；不明死因的羊只，严禁随意剥皮吃肉或任意丢弃，要在兽医人员的监督下，采用焚烧、深埋或高温消毒等方式处理；国内外引入本地的羊只，避免从疫区购入，新购入的羊只需进行隔离饲养，观察 1 个月后，确认健康，方可混群饲养。

（2）认真落实免疫计划，定期进行预防注射。根据本地区常发传染病的种类和目前疫病流行情况，制定切实可行的免疫程序，按免疫程序进行预防接种，使羊只从出生到淘汰都可获得特异性抵抗力，降低对疫病的易感性，同时应注意科学的保存、运送和使用疫（菌）苗。

（八）羊只的驱虫

羊体的寄生虫有数十种，根据当地寄生虫病的流行情况，每年应定期驱虫。羊易感染的寄生虫病有羊鼻蝇疽病、羊捻转胃虫病、羊结节虫病、羊肝片吸虫病、羊绦虫病、羊肺丝虫病、羊多头蚴病、羊杆线虫病、羊毛圆线虫病等。常用的驱虫药物有敌百虫与硫双二氯酚（别丁）、咪唑类药物、驱虫净、虫叮星等。一般在每年春、秋两季选用合适的驱虫药，按说明要求进行驱虫。驱虫后 10 d 内的粪便，应统一收集，进行无害化处理。

（九）羊只的修蹄

羊的蹄形不正或蹄形过长，将造成行走不便，影响放牧或发生蹄病，严重时会使羊跛行。因此，每年至少要给羊修蹄一次。修蹄时间一般在夏、秋季节，此时蹄质软，易修剪。修蹄时，应先用蹄剪或蹄刀，去掉蹄部污垢，把过长的蹄壳削去，再将蹄底的边沿修整到和蹄底一样齐平，修到蹄底可见淡红色时为止，并使羊蹄呈椭圆形。

（十）羊只的去角

羔羊去角是奶山羊饲养管理的重要环节，奶山羊有角易发生创伤，不便于管理。因此，羔羊一般在生后 7~10 d 内去角，对羊的损伤小。人工哺乳的羔羊，最好在学会吃奶后进行。去角前，要观察羔羊的角蕾部，羔羊出生后，角蕾部呈旋涡状，触摸时有一较硬的凸起。去角时，先将角蕾部分的毛剪掉，剪的面积稍大一些（直径约 3 cm），然后再去角。

（1）烧烙法。将烙铁于炭火中烧至暗红（也可用电烙铁），对保定好的羔羊的角基部进行烧烙，每次烧烙的时间不超 10 s，次数适当多一些。当表层皮肤破坏并伤及角原组织后可结束，并对术部进行消毒。

（2）化学去角。是用棒状苛性钠在角基部摩擦，破坏其皮肤和角组织。术前应在角基部周围涂抹一圈医用凡士林，防止碱液损伤其他部分的皮肤。操作时，先重后轻，将表皮擦到有血液浸出即可，摩擦面积要稍大于角基部。术后可给伤口上撒上少量消炎粉。术后半天以内，不要让羔羊与母羊接触，并适当捆住羔羊两后肢。哺乳时，应防止碱液伤及母羊的乳房。

（十一）奶羊的刷拭

奶山羊应每天进行刷拭，以保持羊体清洁，促进血液循环，增进羊只健康，提高泌乳能力并保持乳品清洁。刷拭羊体时，最好用硬草刷自上而下，从前至后将羊体刷拭一遍，清除皮毛上的粪、草及皮肤残屑，保持体毛光顺，皮肤清洁。羊身上如有粪块污染，可用铁刷轻轻梳掉或用清水洗干净，然后擦干。

第二节　羔羊的饲养管理

羔羊培育是指从初生至断奶这段时间幼龄羊的饲养管理。此阶段是羊只一生中生长发育最快的时期。加强羔羊的饲养管理，认真抓好羔羊的培育，可为提高羊群的生产性能打下良好的基础。

一、羔羊的生理特点

（1）生长发育快。哺乳期羔羊的生长表现是：心、肝、胃等内脏器官迅速发育，特别是四个胃的发育较快。同时，骨骼、肌肉的生长速度也很快。一般情况下羔羊的初生重可达 3～5kg，哺乳期间的平均日增重可达 200～300 g，3～4 月龄断奶重可达 20～30 kg。如肉用品种的优质羔羊，哺乳期的平均日增重可达 300 g 以上。

（2）消化功能弱。初生羔羊的胃缺乏分泌反射，待吸吮乳汁后，才能刺激皱胃分泌胃液，从而初步具有消化功能，但前三个胃仍然没有消化作用，微生物区系尚未完全形成。两周以后，羔羊开始选食草料，瘤胃中出现微生物，通过采食草料，可出现反刍，并逐渐表现出对优质青干草的消化能力，2月龄后可消化大量青干草和适量的精饲料。

（3）适应能力差。哺乳期的羔羊身体弱小，抗寒能力差，对疾病、寄生虫的抵抗力也较弱。特别是出生后几个小时的羔羊最为明显，易受寒冷刺激，发生感冒、肺炎、拉稀等疾病。冬春季节应注意防寒保暖；另外哺乳阶段的羔羊消化器官功能还不完善，抵抗力弱，体质差、环境差、营养差等因素，都容易引起消化性腹泻和其他疾病。因此，初生羔羊的饲养应加强护理和营养供给。

二、羔羊的饲养管理

（一）早吃初乳，吃好常乳

羔羊在哺乳前期主要依赖母乳获取营养，母乳充足时，羔羊生长发育好、增重快、健康活泼。母乳可分为初乳和常乳，母羊产后第一周内分泌的乳叫初乳，以后的则为常乳。初乳浓度大，养分含量高，尤其是含有大量的免疫球蛋白和丰富的矿物质元素，可增强羔羊的抗病力，促进胎粪排泄。因此，应保证羔羊在产后15～30 min内吃到初乳。哺乳时，生产人员应对弱羔、病羔或保姆性差的母羊，人工辅助羔羊吃乳，并安排好吃乳时间。

羔羊出生后10 min左右就可自行站立，寻找母羊乳头，自行吮乳。5 d后进入常乳阶段，常乳是羔羊哺乳期营养物质的主要来源，尤其在生后第1个月，营养全靠母乳供应。羔羊哺乳的次数因日龄不同而有所区别，1～7日龄每天自由哺乳，7～15日龄每天6～7次，15～30日龄每天4～5次，30～60日龄每天3次，60日龄至断奶每天1～2次。每次哺乳应保证羔羊吃足吃饱，吃饱奶的羔羊表现为：精神状态良好、背腰直、毛色光亮、生长快。缺乳的羔羊则表现为：被毛蓬松、腹部扁、精神状态差、拱腰、时时咩叫等。若母羊产后死亡或泌乳量过低应及时进行寄养或人工哺乳，人工哺乳的关键是代乳品、新鲜牛奶等的选择和饲喂，要求严格控制哺乳卫生条件。

（二）尽早补饲，抓好训练

羔羊时期生长发育迅速，1~2月龄以后，羔羊逐渐以采食草、料为主，哺乳为辅。羔羊生后7~10日龄，在跟随母羊放牧或补饲时，会模仿母羊的采食行为，此时，可将大豆、蚕豆、豌豆等炒熟粉碎后，撒于饲槽内对羔羊进行诱食；同时选择优质的青绿饲料或青干草（最好是豆科和禾本科草），放置在运动场内的草架上，让羔羊自由采食；配合料每只羔羊初期可每天补喂混合料10~50 g，待羔羊习惯后逐渐增加补喂量，一般2周龄~1月龄为50~80 g，1~2月龄为100~120 g，2~4月龄为250~300 g；补饲的日粮最好按羔羊的体重和日增重要求，依据饲养标准进行配合，要求种类多样、适口性好，易消化、粗纤维含量少，富含蛋白质、矿物质、维生素；补饲应少喂勤添、定时、定量、定点，保证饲槽和饮水的清洁卫生；没有补喂预混料的羔羊，应经常给羊只挂喂舔砖、淡盐水或盐面，以防止发生异嗜癖行为。

（三）合理组群，精心管理

羔羊的组群一般分为两种：一是母子分群，定时哺乳，羊舍内培育，即白天母子分群，羔羊留在舍内饲养，每天定时哺乳和补饲；二是母子不分群，同圈饲养，20日龄以后，母子可合群放牧运动；羔羊生长到3月龄左右，应公、母分群饲养。

羔羊出生7~15 d内进行编号、称重、去角（山羊）或断尾（绵羊），1月龄左右不符合种用的公羔可进行去势；羔羊时期容易发病，如羔痢、肺炎、胃肠炎等，应经常性观察食欲、粪便、精神状态的变化，认真搞好防疫注射，发现患病羊只及时隔离治疗；要经常保持羊舍的干燥、清洁、温暖，勤换垫料，定期消毒。

(四) 加强放牧，顺利断奶

加强羔羊放牧，可增强体质，提高抗病力。一般初生羔在圈内饲养5~7 d后，可就近随母羊外出放牧，3周后逐渐增加放牧距离；母子同牧时走得要慢，羔羊不恋群，注意不要丢羔；30日龄后，羔羊可编群放牧，注意不要去低湿松软的地方放牧。羔羊舔啃松土易得胃肠病，在低湿地易得寄生虫病，应注意预防。放牧时注意从小就训练羔羊听从口令。

羔羊饲养至3~4月龄时，应根据生长发育情况适时断奶。发育正常的羔羊，此时已能采食大量牧草和饲料，具备了独立生活能力，可以断奶转为育成羊。羔羊发育比较整齐一致，可采用一次性断奶；若发育有强有弱，可采用分次断奶法，即强壮的羔羊先断奶，弱瘦的羔羊仍继续哺乳，断奶时间可适当延长；断奶后的羔羊留在原圈，母羊关入较远的羊舍，以免羔羊恋母，影响采食；对一年二产母羊或两年三产母羊可实行早期断奶，要求25~30日龄断奶。方法是10日龄诱食，15日龄开始补饲精料、粗饲料。断奶应逐渐进行，一般经过7~10 d完成。开始断奶时，每天早晨和晚上仅让母、子羊在一起哺乳2次。以后改为哺乳1次。

第三节 育成羊的饲养管理

育成羊是指羔羊从断奶后到第一次配种的公、母羊，多在3~18月龄，此阶段的羊只生长发育迅速，营养物质需要量大，如果饲养不良，就会显著地影响到生长发育，甚至失去种用价值。可以说育成羊是羊群的未来，其培育质量如何是羊群面貌能否尽快转变的关键。

一、育成羊的生理特点

（1）生长速度逐步加快。育成羊全身各系统均处于旺盛生长发育阶段，与骨骼生长发育密切的部位仍然继续增长，如体高、体长、胸宽、胸深增长迅速，头、腿、骨骼、肌肉发育也很快，体型发生明显的变化。

（2）瘤胃发育更为迅速。6月龄的育成羊，瘤胃迅速发育，容积增大，占胃总容积的75%以上，接近成年羊的瘤胃容积比。

（3）生殖器官趋向成熟。一般育成母羊6月龄以后即可出现正常的发情，卵巢上出现成熟卵泡，达到性成熟。育成公羊具有产生正常精子的能力。8月龄左右时接近体成熟，可以进行配种。育成羊体重达成年母羊体重的70%以上时，可进行配种生产。

二、育成羊的饲养管理

（一）分段饲养

育成羊处于断奶后的3~4个月，增重强度大，对饲养条件要求高，当营养条件良好时，日增重可达300 g以上；8月龄后，羔羊的生长发育强度逐渐下降，到1.5岁时生长基本趋于成熟。因此，在生产中一般将育成羊分育成前期（4~8月龄）和育成后期（8~18月龄）两个阶段进行饲养。

1. 育成前期的饲养

育成前期的羊只，断奶时间不长，生长发育快，但瘤胃容积有限且机能不完善，对粗料的利用能力差。因此，这一阶段饲养的好坏，直接影响羊只育成后期和达到成年后的体格大小、体型发育和生产性能，必须引起高度重视。

黑羊断奶以后按性别、大小、强弱分群，加强补饲，按饲养标准采取不同的饲养计划，按月抽测体重，依据增重情况调整饲养计划。羔羊在断奶组群放牧后，仍需延续补喂精料，补饲量要依据牧草情况决定。正确的饲养方法应是按羔羊的平均日增重及体重，依据饲养标准，配置符合其快速生长发育的混合日粮。要求在加强放牧的基础上，以补饲精料为主，适量搭配青、粗饲料进行饲养。

现提供育成羊前期的精料配方供参考。

配方Ⅰ：玉米68%，胡麻饼12%，豆饼7%，麦麸10%，磷酸氢钙1%，添加剂1%，食盐1%。日粮组成：混合精料0.4 kg，苜蓿干草0.6 kg，玉米秸秆0.2 kg。

配方Ⅱ：玉米50%，胡麻饼20%，豆饼15%，麦麸12%，石粉1%，添加剂1%，食盐1%。日粮组成：混合精料0.4 kg，青贮1.5 kg，燕麦干草或稻草0.2 kg。

2. 育成后期的饲养

育成后期的羊只，瘤胃机能趋于完善，可采食大量的牧草和农作物秸秆，这一阶段，可以放牧为主，结合补饲少量的混合精料或优质青干草进行饲养。要求安排在优质草场放牧或适当补喂混合精料，使其保持良好的体况，力争满膘迎接配种。当年的第一个越冬度春期，一定要搞好补饲，首先保证足够的干草或秸秆。在加强放牧的条件下，每羊每日补饲混合精料200~300 g，留种羔羊500~600 g。

现提供育成羊后期的精料配方供参考。

配方Ⅰ：玉米44%，胡麻饼25%，葵花饼13%，麦麸15%，磷酸氢钙1%，添加剂1%，食盐1%。日粮组成：混合精料0.5 kg，青贮3.0 kg，干草或稻草0.6 kg。

配方Ⅱ：玉米80%，胡麻饼8%，麦麸10%，添加剂1%，食盐1%。日粮组成：混合精料0.4 kg，苜蓿干草0.5 kg，玉米秸秆1.0 kg。

一般来说，对于舍饲饲养的育成羊，若有优质的豆科干草，其日粮中精料的粗蛋白以12%~13%为宜。若干草品质较差，可将粗蛋白的含量提高到 16%。混合精料中能量以不低于全部日粮能量的 70%~75%为宜；对于放牧饲养的育成羊，夏秋季节应以放牧为主，并适当补饲精料，在枯草期，尤其是第一个越冬期，除坚持放牧外，还要保证有足够的精料、青干草和青贮料，并留意对育成羊补饲矿物质如钙、磷、盐及维生素 A、维生素 D 的供给。

（二）科学管理

（1）分群饲养。因为公、母羊对培育条件的要求和反应不同，公羊一般生长发育快，异化作用强，生理上对丰富的营养有良好的反应。同时分群饲养还可防止乱交与早配。

（2）适时配种。过早配种会影响育成羊的生长发育，使种羊的体型小、利用年限缩短；晚配使育成期拉长，既影响种羊场的经济效益，又延长了世代间隔，不利于羊群改良。育成母羊发情不明显，要做好发情鉴定，以免漏配。一般育成母羊满 8~10 月龄，体重达到 40 kg 或达到成年体重的 70%以上时可配种。育成公羊一般不采精或配种，可在 10~12 月龄以后，体重达 60 kg 以上时再参加配种。

（3）越冬防寒。育成羊越冬期的管理应以舍饲为主，放牧为辅，要特别注意搭建暖圈，防风、保温和保膘。春羔断奶后，采食青草期很短，即进入枯草期。进入枯草期后，天气寒冷，仅靠放牧不能满足营养需要，入冬前一定要储备足够的青干草、树叶、作物秸秆等，用来补饲并适当添加精料。

（4）体重检查。育成羊可按月抽测体重，以判定其生长发育正常与否。方法是在 1.5 岁以下的羊群中随机抽取 10%~15% 的个体，固定下来每月称重，并与该品种羊的正常生长发育指标相比较，以衡量育成羊的发育情况，依据检查结果，应将不易留种的个体从育成羊中淘汰出去，去势后育肥。称重需在早晨未饲喂或出牧前进行。

三、育成羊饲养管理岗位操作程序

（一）工作目标

（1）育成期羊只的成活率在95%以上。

（2）6月龄体重在35~40kg以上。

（二）工作日程

工作时间随季节变化，其工作日程应作相应的前移或后移。

6：30~7：30　消毒、卫生、称测体重。

7：30~8：30　观察羊群、饲喂、饮水。

8：30~11：30　放牧、运动及其他工作。

11：30~14：00　休息。

14：00~17：00　放牧、运动及其他工作。

17：00~17：30　观察羊群。

17：30~18：30　饲喂、饮水及其他工作。

（三）岗位技术规范

（1）转入断奶羔羊前，空舍应维修，彻底清扫、冲洗和消毒，空舍时间一般为3~7 d。

（2）公、母分群饲养，并保持合理的饲养密度，转入后1~7 d注意饲料的逐渐过渡，饲料中适当添加一些抗应激药物，并控制饲料的喂量，少喂勤添，每日3~4次，以后自由采食。

（3）饮水设备应放置在显眼的位置，保证羊只清洁饮水。根据季节变化，做好防寒保温、防暑降温及通风换气等工作，控制舍内有害气体浓度，并尽量降低。

（4）做好羊只的放牧、免疫、驱虫和健胃等工作。后备羊配种前体内外驱虫一次，病羊及时隔离饲养和治疗。

（5）做好公羊的性欲表现观察和母羊的发情鉴定工作。母羊发情记录从5~6月龄时开始，仔细观察初情期和后期的发情表现，以便及时掌握发情规律和适时配种，并认真做好记录。

（6）喂料时仔细观察羊只的食欲情况；清粪时观察粪便的颜色；休息时检查呼吸情况；发现病羊，对症治疗，严重者隔离饲养，统一用药。

（7）育成羊 10~12 月龄转入配种空怀舍，加强饲养管理，及时查情和实施初配。

（8）每月称重一次，每周消毒两次，每周消毒药更换一次。

第四节　种公羊的饲养管理

种公羊是发展养羊生产的重要生产资料，对羊群的生产水平、种群质量都有重要影响。在现代养羊业中，人工授精技术得到广泛的应用，需要的种公羊不多，因而对种公羊品质的要求越来越高。因此，种公羊的饲养应常年保持中上等膘情，健壮、活泼、精力充沛、性欲旺盛，能够产生优良品质的精液。

一、合理的日粮供应

种公羊的饲料要求营养价值高、适口性好、容易消化。因此，日粮组成应种类多样，粗、精料合理搭配，尽可能保证青绿多汁饲料全年较均衡的供给；日粮应根据配种期和非配种期的饲养标准配合，再根据种公羊的体况作适当调整；营养上应富含蛋白质、矿物质和维生素。

二、合理的饲养方法

种公羊的饲养可分配种期和非配种期进行。配种期又可分配种预备期（配种前 1~1.5 个月）、配种正式期（正式采精或本交阶段）及配种后复壮期（配种停止后 1~1.5 个月）三个阶段。在非配种期除放牧外，冬、春季每日每羊可补给混合精料 0.4~0.6 kg，胡萝卜或莞根 0.5 kg，干草 3 kg，食盐 5~10 g。夏、秋季以放牧为主，每日每羊补混合精料 0.4~0.5 kg，饮水

1~2 次；配种预备期应增加精料量，按配种正式期给量的60%~70%补给，要求逐渐增加并过渡到正式期的喂量。配种正式期以补饲为主，适当放牧。饲料补饲量大致为：混合精料 0.8~1.2 kg，胡萝卜 0.5~1.0 kg，青干草 2 kg，食盐 15~20 g。草料分 2~3 次饲喂，每日饮水 3~4 次。配种后复壮期，初期精料不减，增加放牧时间，过些时间后再逐渐减少精料，直至过渡到非配种期的饲养标准。

三、科学的管理方法

种公羊的管理要专人负责，保持常年相对稳定，单独组群或放牧。经常观察羊的采食、饮水、运动及粪尿的排泄等情况，保持饲料、饮水、环境的清洁卫生，注意采精训练和合理使用。采精训练开始时，每周采精检查一次，以后增至每周两次，并根据种公羊的体况和精液品质来调整日粮或增加运动。对精液稀薄的种公羊，应增加日粮中蛋白质饲料的比例；当精子活力差时，应加强种公羊的放牧和运动。

种公羊的合理使用要根据羊的年龄、体况和种用价值来确定。对 1.5 岁左右的种公羊每天采精 1~2 次为宜，不要连续采精；成年公羊每天可采精 3~4 次。

四、公羊饲养管理岗位操作程序

（一）工作目标

（1）保证种公羊维持中上等膘情，性欲旺盛，体质健壮，并能产生良好品质的精液。

（2）公羊配种能力强，母羊受胎率达 85% 以上。

（二）工作日程

7：00~9：00　运动、放牧、饮水、喂料（喂给日粮1/2）。

9：00~11：00　采精、剪毛。

11：00~12：00　饲喂、休息、运动。

14：00~17：00　补饲、休息、采精、剪毛。

17：00~20：00　放牧、饮水。

20：00~21：00　喂料（喂给日粮1/2）、休息。

（三）岗位技术规范

（1）种公羊舍应坚固、宽敞、通风良好，保持舍内环境卫生良好。

（2）种公羊专人管理，不可随意更换，并防止互相角斗，定期进行健康检查。

（3）非配种期的种公羊以放牧为主，适量补饲；配种开始前45d起，逐渐加料并增加日粮中蛋白质、维生素、矿物质和能量饲料的含量；配种期保证种公羊能采食到足量的新鲜牧草，并按配种期的营养标准补给营养丰富的精料和多汁饲料。

（4）配种开始前1个月做好公羊的采精检查和初配公羊的调教工作。

（5）配种期的种公羊除放牧外，每天早晚应缓慢进行驱赶运动。

（6）按照畜牧行业畜禽的繁殖技术标准开展种公羊的人工授精，严格程序，规范操作。

（7）做好羊舍的消毒卫生，切实抓好驱虫、防疫和健胃等工作，发现病羊应及时治疗。

第五节　育肥羊的饲养管理

肉羊育肥是养羊生产的重要生产内容之一。目前我国的肉羊生产除利用本地的粗毛羊、细毛羊或半细毛羊等进行育肥外，还大量通过引入的肉羊新品种和我国各地的优秀土种羊品种（如小尾寒羊、湖羊、乌珠穆沁羊等）杂交，产生具有杂种优势的羔羊进行育肥。生产方式主要有放牧育肥、舍饲育肥和混合育肥。由于我国各地养羊基础条件不一，至于到底采取何种方式进行育肥，须根据当地畜牧资源状况、羊源种类与质量、肉羊生产者的技术水平、肉羊场的基础设施等条件来确定。

一、育肥方式

（一）放牧育肥

它是利用天然草场、人工草场或秋茬地放牧抓膘的一种育肥方式，生产成本低，应用较普遍。在安排得当时，能获得理想的效益。

1. 选好草场，划区轮牧

应根据羊的种类和数量，充分利用夏、秋季的人工草场、天然草场，选择地势平坦、牧草茂盛的放牧地安排生产。幼龄羊适于在豆科牧草较多的草场放牧育肥；成年羊适于在禾本科牧草较多的草场放牧育肥；为了合理利用草场和保护牧草的再生能力，放牧地应按地形划分成若干小区，实行分区轮牧，每个小区放牧 4~6 d 后移到另一个小区放牧，使羊群能经常吃到鲜绿的牧草和枝叶，同时也使牧草和灌木有再生的机会，有利于提高产草量和利用率。

2. 加强放牧，提高效果

为提高放牧育肥效果，养羊生产上，应安排母羊产冬羔和早春羔，这样羔羊断奶后，正值青草期，可充分利用夏、秋季的牧草资源，适时育肥和出栏。

放牧育肥的羊只，应按品种、年龄、性别、放牧的条件分群，保证育肥羊在牧地上采食到足够的青草量，一般羔羊可达 4~5 kg，大羊可达 7~8 kg。放牧时，尽可能延长放牧时间，早出牧，晚归牧，必要时进行夜牧，就地休息，保证饮水，每天放牧时间应达 10~12 h 以上。放牧方法上讲究一个"稳"字，少走冤枉路，多吃草。避免狂奔。放牧一天，最好能让羊群吃上 3 饱和 3 饱以上，即达到绝大部分羊能吃饱卧下，反刍 3 次及 3 次以上的程度。同时，要避免不良的气候因素和草场不稳定对羊群形成的干扰和影响。这种育肥方法成本较低，效益相对较高，一般经过夏、秋季节，育肥羔羊体重可增加 10~20 kg。

（二）舍饲育肥

它是根据肉羊生长发育规律，按照羊的饲养标准和饲料营养价值，配制育肥日粮，并完全在舍内喂、饮、运动的一种育肥方式。饲料的投入相对较高，但羊的增重快，胴体重大，出栏早，经济效益高，便于按照市场的需要进行规模化、工厂化的肉羊生产。适合在放牧地少的地区或饲料资源丰富的农区使用。

1. 合理加工饲料

舍饲育肥羊的饲料主要由青、粗饲料、农副业加工副产品和各种精料组成，如干草、青草、树叶、作物秸秆，各种糠、糟、渣、油饼、作物籽实等。为了提高饲料的消化率和利用率，青干草可采用切碎、铡短、青贮、揉搓、制粒等方式处理；秸秆料可通过碱化、微贮、氨化等方式处理；籽实类饲料可通过浸泡、软化、粉碎等方式处理。

2. 控制精粗比例

一般舍饲育肥羊的混合精料可占到日粮的 45%~60%，随着育肥强度的加大，精料比例应逐渐升高。但要注意过食精料引起的肠毒血症和钙、磷比例失调引起的尿结石症等疾病的发生。要求饲草搭配多样化，禁喂发霉变质饲料，提倡使用饲料添加剂。

（1）瘤胃素的利用。瘤胃素又名莫能菌素，是肉桂的链霉菌发酵产生的抗生素。其功能是通过减少甲烷气体能量损失和饲料蛋白质降解、脱氨损失，控制和提高瘤胃发酵效率，从而提高增重速度及饲料转化率。瘤胃素的添加量一般为每千克日粮干物质中添加 25~30 mg，要均匀地混合在饲料中，最初喂量可低些，以后逐渐增加。

（2）预混料的使用。预混料是饲料公司生产的复合型添加剂，应用量小，但必不可少。它主要是由营养类的添加剂和非营养类的添加剂配合而成，富含畜禽必需的氨基酸、维生素、矿物质、微量元素、瘤胃代谢调节剂、生长促进剂及对有害微生物的抑制物质，适于生长期和育肥期间饲喂，用量一般占日粮的 1%~3%，混入饲料中饲喂。也可在运动场上吊挂舔砖供羊只舔食所用。

3. 正确进行饲喂

条件具备时青、粗饲料任羊自由采食，混合精料分上午、下午两次补饲，可利用草架和料槽分别饲喂；也可将草、料加工配合混匀，制成颗粒饲料饲喂。同时，保证饮水和喂盐。

现提供肉羊舍饲育肥时的饲料配方，仅供参考。

配方 I ：玉米粉、草粉、豆饼各 21.5%，玉米 17%，葵籽饼 10.3%，麦麸 6.9%，食盐 0.7%，尿素 0.3%，添加剂 0.3%。前 20 d 每只羊日喂精料 350 g，中期 20 d 每只 400 g，后期 20 d 每只 450 g，粗料不限量，适量青绿多汁饲料。

配方 II ：玉米 66%，豆饼 22%，麦麸 8%，细贝壳粉 0.5%，食盐 1.5%，尿素 1%，添加含硒微量元素和维生素 A、维生素 D_3 粉。混合精料与草料配合饲喂，其比例为 60：40。一般羊 4~5 月龄时每天喂精料 0.8~0.9 kg，5~6 月龄时喂 1.2~1.4 kg，6~7 月龄时喂 1.6 kg。

配方 III ：统糠 50%，玉米粗粉 24%，菜籽饼 8%，糖饼 10%，棉籽饼 6%，贝壳粉 1.5%，食盐 0.5%。

4. 做好饲喂管理

每天饲喂 3 次，夜间加喂 1 次，先草后料，先料后水，早饱晚中，自由饮水，保证水质；注意防寒保温、环境卫生、消毒防疫和疾病防治。

（三）放牧加补饲育肥

草场质量较好的地区，可采取放牧为主，补饲为辅的方式育肥，以降低饲养成本，充分利用草场。参考配方如下：

配方Ⅰ玉米粉26%，麦麸7%，棉籽饼7%，酒糟48%，草粉10%，食盐1%，尿素0.6%，添加剂0.4%。混合均匀后，每天傍晚补饲300 g左右。

配方Ⅱ玉米70%，豆饼28%，食盐2%。饲喂时加草粉15%，混匀拌湿饲喂。

（四）混合育肥

混合育肥是放牧与补饲相结合的育肥方式，既能利用夏、秋牧草生长旺季，进行放牧育肥。又可利用各种农副产品及少许精料，进行补饲或后期催肥。这种方式比单纯依靠放牧育肥，效果要好。放牧兼补饲的育肥可采用两种途径：一种是在整个育肥期，自始至终每天均放牧并补饲一定数量的混合精料和其他饲料。要求前期以放牧为主，舍饲为辅，少量补料，后期以舍饲为主，多量补料，适当就近放牧采食；另一种是前期安排在牧草生长旺季全天放牧，后期进入秋末冬初转入舍饲催肥，可依据饲养标准配合营养丰富的育肥日粮，强度育肥30~40 d，出栏上市。

二、羔羊育肥

现代羊肉生产的主流是羔羊肉，尤其是肥羔肉。随着我国肉羊产业的发展和人们生活、经济条件的改善，羔羊肉的生产将是羊的育肥重点。

（一）育肥期的确定

羔羊在生长期间，由于各部位的各种组织在生长发育阶段代谢率不同，体内主要组织的比例也有不同的变化。通常早熟肉用品种羊在生长最初 3 个月内，骨骼的发育最快，此后变慢、变粗，4~6 月龄时，肌肉组织发育最快，以后几个月脂肪组织的增长加快，到一岁时肌肉和脂肪的增长速度几乎相等。

1. 肥羔肉生产

肥羔生产是指羔羊 30~60 日龄断奶，转入育肥，4~6 月龄体重达 30~35 kg 屠宰所得的羔羊肉。肥羔肉鲜嫩、多汁、易消化、膻味轻。羔羊早期育肥，具有投资少、产出高、方式灵活、饲料转化率高等显著特点。

按照羔羊的生长发育规律，周岁以内尤其是 4~6 月龄以前的羔羊，生长速度很快，平均日增重一般可达 200~300 g。如果从羔羊 2~4 月龄开始，采用强度育肥的方法，育肥期 50~60 d，其育肥期内的平均日增重不但能达到原有水平，甚至比原有水平高，这样羔羊长到 4~6 月龄时，体重可达成年羊体重的 50%以上。出栏早、屠宰率高、胴体重大、肉质好、深受市场欢迎。

2. 羔羊肉生产

用于肥羔生产的羔羊，要求平均日增重达 200 g 以上。如果用来育肥的羔羊，2~4 月龄的平均日增重达不到 200 g，就不适合于肥羔生产，这种类型的羔羊须等体重达 25 kg 以上，至少是 20 kg 以上，才能转入育肥，即进行羔羊肉生产。这种方式须等羔羊正常断奶后，才能进行育肥且育肥期较长（90~120 d），一般分前、后两期育肥，前期育肥强度不宜过大，后期（羔羊体重 30 kg 以上）进行强度育肥，一般在羔羊生后 6~10 月龄就能达到上市体重和出栏要求。

（二）育肥生产管理

用来进行羔羊肉生产的育肥羔羊，适合以能量和蛋白质水平较高，并维持一定矿物质含量的混合精料为主进行育肥。育肥期可分预饲准备期（10~15 d）、正式育肥期和出栏销售期三个阶段。

1. 预饲准备期

育肥前应做好饲草（料）的收集、贮备和加工调制，圈舍场地的维修、清扫、消毒和设备的配置等工作。羔羊进入育肥舍后，不论采用强度育肥，还是一般育肥，都要经过预饲期。预饲期一般为 15 d，可分为两个阶段：第一阶段为育肥开始的 1~3 d，只喂干草和保证充足饮水；第二阶段（3~15 d）逐渐增加精料量，第 15 天进入正式育肥期。此阶段应认真完成对羊只的健康检查、防疫、驱虫、去势、称重、健胃、分群和饲料过渡等工作内容。

（1）新购羊只处理。如果是外购羊只，应选择断奶后 4~5 月龄前的优良肉用羊和本地羊杂交改良的羔羊，膘情中等，体格稍大，体重一般 15~16 kg 以上；如果是自繁自养的羔羊，应做好羔羊哺乳期的饲养管理。从 1 月龄羔羊开始利用精料、青干草、豆科牧草、优质青贮料、胡萝卜及矿物质等，补饲量应逐步加大，每次投放的饲料量以羔羊能在 20~30 min 内吃完为宜；羔羊进场当天，不宜喂饲精料，只饮水和给予少量干草，在遮阴处休息，避免惊扰；育肥羔羊若处于炎热的夏秋季节，为促进其生长发育，可根据羊的体表被毛情况适时剪毛；若发现未去势的羊只，为改进肉质品质，以去势育肥为好。同时要求羊只健康无病、被毛光顺、上下颌吻合好。健康羊只的标志为活动自由、有警觉感、趋槽摇尾、眼角干燥。

（2）合理安排分群。安静休息 8~12 h 后，逐只称重记录。按羊只体格、体重和瘦弱等相近原则进行分群和分组，每组15~20 只。要勤检查，勤观察，每天巡视 2~3 次，挑出伤、病羊，检查有无肺炎和消化道疾病，改进环境卫生。

（3）搞好防疫驱虫。羔羊预饲期内要进行驱虫和接种疫苗，防止寄生虫病和传染病的发生。驱虫药可选择使用一种，抗蠕敏（丙硫咪唑），每千克体重 15~20 mg，灌服。虫克星（阿维菌素），每千克体重 0.2~0.3 mg（有效含量），皮下注射或口服。依据疫苗接种程序，进行皮下或肌肉注射。

（4）逐渐过渡饲料。育肥期间应避免过快地变换饲料种类和日粮类型，绝不可在 1~2 d 内改喂新换饲料。精饲料的变换，应以新旧搭配，逐渐加大新饲料比例，3~5 d 内全部换完。如将粗饲料更换为精饲料，应延长过渡时间，14 d 换完。

2. 正式育肥期

正式育肥期主要是按饲养标准配合育肥日粮，进行投喂，定期称重，并以此为据及时调整饲养计划。要求合理安排羊只的放牧、补饲、饮水、运动、消毒和防疫等生产环节，避免羊只拥挤和争食，防止羊只强弱不匀，进而促进其快速生长发育。一般来讲，用于肥羔肉生产的幼龄羊只，要求 1~2 月龄断奶，饲养 2~4 个月，体重达 30 kg 左右出栏即可；用于羔羊肉生产的幼龄羊只，要求 3~4 月龄断奶，再饲养 4~5 个月，体重达 40 kg 左右出栏即可。

3. 出栏销售期

用于羔羊肉生产的育肥羊，其出栏时间的早晚应根据羊只的生长速度、品种类型、育肥方式、胴体品质、市场需求和季节安排等因素确定，并认真做好市场调查，适时出栏。育肥羔羊出栏时的体重一般不超过 40~45 kg 为宜。

三、成年羊育肥

成年羊育肥在年龄上可划分为 1~1.5 岁羊和 2 岁以上的成年羊（多数为老龄羊），并按膘情好坏、年龄、性别、品种、体重、外貌等进行必要的挑选，然后进行育肥。主要目的是短期内增加羊的膘度，使其迅速达到上市的良好育肥体况。依据生产条件，可选择使用放牧育肥、舍饲育肥、混合育肥的方式，但以混合育肥和舍饲育肥的方式较多。成年羊的育肥和羔羊育肥一样，分为预饲准备期（15 d）、正式育肥期（30~50 d）和出栏销售期三个阶段，工作内容大同小异。

（一）育肥羊的选择

一般来讲，凡不做种用的公、母羊和淘汰的老弱病残羊，均可用来育肥。要选择膘情好、体型大、增重快、健康无病，最好是肉用性能突出的品种，育肥时可按体重大小和体质状况分群。一般将情况相近的羊放在同一群育肥，避免因强弱争食造成较大的个体差异；育肥前应对羊只进行全面的健康检查，凡病羊均应治愈后育肥。过老、采食困难的羊只不宜育肥，淘汰公羊应在育肥前 10 d 左右去势；育肥羊在进入育肥前应注射肠毒血症三联苗，并进行驱虫；同时在圈内设置足够的水槽和料槽，并进行环境（羊舍及运动场）清洁与消毒。

（二）育肥生产管理

1. 选择理想日粮配方

成年羊育肥时应按照品种、活重和预期增重等主要指标确定育肥方案和日粮标准。选好日粮配方后，应严格按比例称量配制日粮。为提高育肥效益，应充分利用天然牧草、秸秆、树叶、农副产品等，多喂青贮饲料和各种藤蔓等，同时适当加喂大麦、米糠、菜籽饼等精饲料。

2. 合理安排饲喂饮水

成年羊的日喂量依配方不同有一定差异，一般要求每天饲喂 2 次，日喂量以饲槽内基本无剩余饲料为标准。饮水以自由采食为宜。

3. 合理使用饲料添加剂

肉羊饲喂一定量的饲料添加剂可以改善其代谢机能，提高采食能力、饲料利用率和生产效益。肉羊常用的饲料添加剂有瘤胃素、非蛋白氮添加剂等。

四、羔羊育肥舍饲养管理岗位操作程序

（一）工作目标

（1）育肥羔羊成活率在 98% 以上。

（2）育肥期平均日增重 260 g 以上，5~6 月龄体重在 33~35 kg 以上。

（二）工作日程

工作时间随季节变化，其工作日程应作相应的前移或后移。

6：30~7：30　消毒、饲喂、饮水。

8：00~8：30　观察羊群、称重、剪毛。

11：30~12：00　清理卫生和其他工作。

12：00~14：00　休息。

14：00~17：00　观察羊群、称重、剪毛、药浴。

17：00~18：30　饲喂、饮水、卫生、其他工作。

（三）岗位技术规范

1. 羊舍准备

（1）环境要求通风干燥，清洁卫生，夏挡阳光，冬避风寒。

（2）圈舍面积要求羊舍 0.8~1 m^2/只，运动场 2~3 m^2/只。

（3）饲槽规格要求 20~25 cm/只，自由饮水。

（4）消毒：进羊前和每周用 3%~5% 的来苏儿消毒 1 次。

2. 选购羊只

（1）年龄。3~4 月龄断奶羔羊，最好为杂交羔羊。

（2）体型。体躯呈桶形，胸宽深。

（3）膘情。发育均匀，体重 20~25 kg，中等膘情。

（4）健康。四肢健壮，被毛光亮，精神饱满。

3. 免疫驱虫

（1）新入羊只休息 8 h，只饮水并食少量干草。

（2）第二天早晨分群称重，根据大小、强弱、性别、品种等分群。

（3）驱虫用阿维菌素 0.25 mg/kg 皮下注射。

（4）免疫用羊快疫、肠毒血等三联苗和羊痘疫苗注射。

4. 饲养管理

（1）育肥前期。

①1~3 d 饲喂青干草，自由采食和饮水。

②7~30 d 饲喂日粮配方Ⅰ，日喂 3 次，投料 1.0~1.5 kg，自由采食日粮配方Ⅰ：玉米 42.3%，麸皮 7.5%，豆饼 17.5%，磷酸氢钙 1.2%，食盐 0.5%，添加剂 1%，苜蓿干草 30%，加工成颗粒饲喂。

（2）育肥后期。

①30~60 d 饲喂日粮配方Ⅱ，日投料 0.2~2 kg，日喂 3 次，自由采食和饮水。

②饲喂加工：合理搭配，尽量多样化，搅拌均匀。

日粮配方Ⅱ：玉米 39.3%，小麦麸 7.5%，豆饼 17.5%，苜蓿草及大麦草 33%，磷酸氢钙 1.2%，添加剂 1%，食盐 0.5%。

5. 出栏

羔羊出售时，体重可达 35~40 kg，屠宰率 50%。

第六章 畜禽防预技术

第一节 疫苗接种的概述

一、免疫接种后的正常反应与个良反应

（一）不良反应

根据不良反应的强度和性质，免疫接种的不良反应可分为以下 3 种类型。

1. 过敏反应

过敏反应是指疫苗本身或其培养液中存在某些过敏源，导致动物在接种疫苗后迅速出现过敏性反应。发生过敏反应的动物表现为缺氧、黏膜发绀、严重的呼吸困难、呕吐、腹泻、虚脱或惊厥等全身反应过敏性休克。

根据反应的程度和临床表现，过敏反应可分为最急性过敏、急性过敏和慢性过敏 3 种。

（1）最急性过敏。被接种疫苗后的动物在 10 min 之内，迅速出现呼吸困难、口吐白沫、呕吐、无意识排便、鸣叫呻吟、站立不稳、倒地抽搐、体温降低、可视黏膜、皮肤苍白、心跳快而弱、脉沉细数、虚脱或惊厥等全身反应和过敏性休克，整个过程短则几秒钟，长则不超过 1h。如果抢救不及时，可能很快休克或死亡。

（2）急性过敏。呆立不动，精神萎靡，呼吸急促，口流涎沫，全身肌肉颤抖，出汗，呕吐食物，拒食，强迫行走则步态不稳或突然倒地，大小便失禁，瞳孔散大，反射减弱，四肢冰

凉，偶尔有鼻腔出血，猪有时可见皮疹，体温升高 1~2℃，心率加快，脉沉细数。

（3）慢性过敏型。1~3 天表现临床症状，慢食或不食，蹄部疼痛，注射部位肿胀或炎性水肿，有急性症状，但较轻微，自然或稍微对症治疗即可痊愈。

2. 合并症

合并症是指与正常反应性质不同的反应，主要与接种生物制品性质和动物个体体质有关，只发生在个别动物，反应比较严重，需要及时救治。

（1）血清病。是由于抗原抗体复合物产生的一种超敏反应，多发生于一次大剂量注射动物血清制品后，注射部位出现红肿、体温升高、荨麻疹、关节痛等，需要精心护理和注射肾上腺素等。

（2）过敏性休克。个别动物于注射疫苗后 30 min 内出现不安、呼吸困难、四肢发冷、出汗、大小便失禁等，需立即救治。

（3）全身感染。指活疫苗接种后因机体防御机能不全或遭到破坏时发生的全身感染和诱发潜伏感染，或因免疫器具消毒不彻底致使注射部位或全身感染。

（4）变态反应。多为荨麻疹。

3. 严重反应

严重反应指与正常反应在性质上相似，但反应的程度重或出现反应的动物数量较多。引起严重反应的原因通常是由于疫苗的质量低劣、毒（菌）株的毒力太强、注射剂量过大、操作错误、接种途径或使用对象不准等因素引起。

（二）正常反应

正常反应是指疫苗本身的特性引起的反应。大多数动物在接种疫苗后不会出现明显的不良反应；少数动物在接种疫苗后，常常出现一过性的精神沉郁，食欲下降，注射部位出现短时轻度炎性水肿等局部或全身性异常表现。

在免疫接种过程中，出现不良反应的强度和性质与疫（菌）苗的种类、质量、毒性以及动物个体和品种差异、接种时操作方法、被免疫动物健康状况等因素有关，主要表现为：免疫接种途径错误，操作不规范；注射疫（菌）苗剂量过大，部位不准确；疫（菌）苗储藏、运输等不当，质量不高；接种前临床检查不细，带病接种疫苗；接种对象错误，忽视品种和个体差异或过早接种疫（菌）苗。

二、急救措施

在注射免疫接种前，必须备足备好抢救药品，随时准备应急。免疫接种后如产生严重不良反应，应根据不同的反应及时进行救治，常用的急救措施有抗休克、抗过敏、抗炎症、抗感染、强心补液、镇静解痉等。局部处理常用的措施有消炎、消肿、止痒，对神经、肌肉、血管损伤等病例采用理疗、药疗和手术的方法治疗。对合并感染的病例应用抗生素治疗。

（一）急性过敏

快速皮下注射 1 g/L 盐酸肾上腺素，牛 2～5 mg，猪、羊 0.2～0.6 mg，肌肉注射盐酸异丙嗪（非那根），牛 250～500 mg，猪、羊 50～100 mg，地塞米松磷酸钠，牛 10～20 mg，猪、羊 5～10 mg（孕畜禁用）。

（二）慢性过敏

对症治疗，在用止痛消炎和助消化药的同时，静脉注射 100 g/L 葡萄糖酸钙，牛 200～300 mL，猪、羊 50～150 mL，一般 3～7 天痊愈。

（三）最急性过敏

对濒临休克或已经休克的动物，根据个体大小，迅速注射以下几种药物：

（1）皮下注射 1 g/L 盐酸肾上腺素，牛 2~5 mg，猪、羊 0.1~1 mg。根据病程缓解程度，20 min 后重复注射同剂量 1 次。

（2）肌肉注射盐酸异丙嗪（非那根），牛 250~500 mg，猪、羊 50~100 mg。

（3）肌肉注射地塞米松磷酸钠，牛 10~30 mg，猪、羊 4~12 mg（孕畜禁用）。

同时，针刺耳尖、尾根、蹄头、大脉穴等少量放血，然后用去甲肾上腺素（牛 8~10 mg，猪、羊 2~5 mg）加 100 g/L 葡萄糖注射液中（牛 1 500 mL，猪、羊 500 mL）静滴。动物苏醒后，换成 50 g/L 葡萄糖注射液，加入维生素 C、维生素 B_6 或复合维生素（牛 500~1 000mL，猪、羊 300~500 mL）静滴。最后再用 50 g/L 的碳酸氢钠（牛 500~1 000 mL，猪、羊 300~500 mL）静滴。

第二节　紧急预防接种

一、紧急预防接种的使用对象及原则

紧急免疫接种是当发生传染病流行时，为了迅速控制和扑灭疫病，对疫区和受威胁区尚未发病的畜禽进行的应急性免疫接种。紧急免疫接种应根据动物疫病种类和当地疫病流行情况制订紧急免疫接种计划，选择免疫血清或疫苗，确定免疫动物、免疫剂量、途径、时间等。

二、动物免疫失败的原因

免疫反应是一个复杂的生物学过程，免疫效果受到多种因素的影响，如疫苗的质量、环境因素、母源抗体水平、免疫抑制性疾病、营养因素、免疫方法及应激因素等均可能与免疫失败有关。

（一）疫苗使用不当

疫苗使用不当是常见的影响免疫效果的因素，主要包括疫苗稀释不当、免疫操作不当、免疫程序不合理等。

1. 免疫程序不合理

如接种时间和次数的安排不恰当，不同疫苗之间相互干扰。如经气雾、滴鼻、点眼或饮水进行鸡新城疫免疫后，在 7 d 内以同样方法接种鸡传染性支气管炎疫苗时，其免疫效果受影响；如接种鸡传染性支气管炎疫苗后 2 周内接种鸡新城疫疫苗，其效果不好；鸡传染性喉气管炎弱毒疫苗接种前后 1 周内接种鸡传染性支气管炎疫苗或鸡新城疫、传染性支气管炎联苗时，鸡传染性喉气管炎免疫效果降低等。

2. 疫苗稀释不当

没有按规定使用指定稀释液配制。饮水免疫时没有加脱脂乳，饮水免疫中使用了含氯的自来水，使用了金属饮水器或饮水器中有残留的消毒药。气雾免疫中没按规定量使用疫苗，疫苗稀释中没按规定使用无离子水或蒸馏水等。

3. 在使用活疫苗免疫前后 7 d 内使用抗菌药物

在使用活疫苗免疫前后 7 d 内使用抗菌药物，影响免疫效果。

4. 操作不当

如饮水免疫时，饮水器数量过少，畜禽饮水不均匀；饮水免疫前断水，因而免疫畜禽饮水时间太长，造成疫苗效力下降；实施气雾免疫时未调试好喷雾器，造成雾滴过大或过小等；注射免疫时，注射器定量控制失灵；针头过短、过粗，拔出针头后，疫苗从针孔溢出；有时打"飞针"注射不确实。肌肉注射鸡马立克氏病疫苗时，1 h 内没有注射完疫苗，此刻疫苗中的病毒量减少。滴鼻或点眼免疫时，放鸡过快，药液未完全吸入。

（二）疫苗的质量问题

疫苗的质量好坏直接影响免疫效果。影响疫苗质量的因素，一是生产厂家生产的疫苗质量差，如效价或蚀斑量不够，油乳剂灭活疫苗乳化程度不高，抗原均匀度不好；二是由于运输、保存不当，造成疫苗失效或效力减低；三是疫苗毒株的血清型与所预防的疫病病原的血清型不一致，不能达到预防目的，如禽流感 H9 疫苗不能预防禽流感 H5 引起的禽流感。

第三节　疫点消毒

一、疫点的划分原则及消毒措施

疫点：患病动物所在地点，一般是指患病动物所在的圈舍、饲养场、村屯、牧场或仓库、加工厂、屠宰厂（场）、肉类联合加工厂、交易市场等场所，以及车、船、飞机等。如果为农村散养户，应将患病动物所在自然村划为疫点。

疫区：指以疫点为中心一定范围的地区。

受威胁区：指自疫区边界外延一定范围的地带。

疫点、疫区、受威胁区的范围，由畜牧兽医主管部门根据规定和扑灭疫情的实际需要划定，其他任何单位和个人均无此权力。

1. 对疫点应采取的措施

（1）扑杀并销毁动物和易感染的动物产品。

（2）对病死的动物、动物排泄物，被污染饲料、垫料、污水进行无害化处理。

（3）对被污染的物品、用具、动物圈舍、场地进行严格消毒。

2. 对疫区应采取的措施

(1) 在疫区周围设置警告标志,在出入疫区的交通路口设置临时动物检疫消毒站,对出入的人员和车辆进行消毒。

(2) 扑杀并销毁染病和疑似染病动物及其同群动物,销毁染病和疑似染病的动物产品,对其他易感染的动物实行圈养或者在指定地点放养,役用动物限制在疫区内使役。

(3) 对易感染的动物进行监测,并按照国务院兽医主管部门的规定实施紧急免疫接种,必要时对易感受染的动物进行扑杀。

(4) 关闭动物及动物产品交易市场,禁止动物进出疫区和动物产品运出疫区。

(5) 对动物圈舍、动物排泄物、垫料、污水和其他可能受污染的物品、场地,进行消毒或者无害化处理。

3. 对受威胁区应采取的措施

(1) 对易感染的动物进行监测。

(2) 对易感染的动物根据需要实施紧急接种。

二、终末消毒

终末消毒,即传染源离开疫源地后进行的彻底消毒。发生传染病后,待全部患病动物处理完毕,即当全部患病动物痊愈或最后一只患病动物死亡后,经过 2 周再没有新的病发生,在疫区解除封锁之前,为了消灭疫区内可能残留的病原体所进行的全面彻底的大消毒。

通过物理或化学方法消灭停留在不同的传播媒介物上的病原体,借以切断传播途径,阻止和控制传染的发生。其目的包括:

(1) 防止病原体播散到社会中,引起流行发生。

(2) 防止病畜再被其他病原体感染,出现并发症,发生交叉感染。

（3）同时也保护防疫人员免疫感染。

第四节　运输、保存疫苗

一、疫苗储存、运输的注意事项

（1）疾病预防控制机构、接种单位、疫苗批发企业在接收或者购进疫苗时，应当索取和检查疫苗生产企业、疫苗批发企业提供的《疫苗流通和预防接种管理条例》第五条规定的证明文件及资料。收货时应核实疫苗运输的设备、时间、温度记录等资料，并对疫苗品种、剂型、批准文号、数量、规格、批号、有效期、供货单位、生产厂商等内容进行验收，做好记录。符合要求的疫苗，方可接收。

（2）疾病预防控制机构、接种单位储存的疫苗因自然灾害等原因造成过期、失效时，按照《医疗废物管理条例》的规定进行集中处置。

（3）疫苗生产企业、疫苗批发企业在销售疫苗时，除提供按照《疫苗流通和预防接种管理条例》第十七条规定的文件外，同时应提供疫苗运输的设备、时间、温度记录等资料。疾病预防控制机构在供应或分发疫苗时，应提供疫苗运输的设备、时间、温度记录等资料。

（4）疾病预防控制机构、接种单位应定期对储存的疫苗进行检查并记录，发现质量异常的疫苗，应当立即停止供应、分发和接种，并及时向所在地的县级卫生行政部门和食品药品监督管理部门报告，不得自行处理。接到报告的卫生行政部门应当及时组织疾病预防控制机构和接种单位采取必要的应急处置措施，同时向上级卫生行政部门报告；接到报告的食品药品监督管理部门应当对质量异常的疫苗依法采取相应措施。

（5）疾病预防控制机构、接种单位、疫苗批发企业对验收合格的疫苗，应按照温度要求储存于相应的冷藏设施设备中，并按疫苗品种、批号分类码放。

（6）疫苗生产企业、疫苗批发企业应定期对储存的疫苗进行检查并记录。发现质量异常或超过有效期等情况，应及时采取隔离、暂停发货等措施，并及时报告所在地食品药品监督管理部门处理；接到报告的食品药品监督管理部门应当对质量异常或过期的疫苗依法采取相应措施。

（7）疫苗的收货、验收、在库检查等记录应保存至超过疫苗有效期 2 年备查。

（8）疫苗生产企业、疫苗批发企业应指定专人负责疫苗的发货、装箱、发运工作。发运前应检查冷藏运输设备的启动和运行状态，达到规定要求后，方可发运。

（9）疾病预防控制机构、疫苗生产企业、疫苗批发企业使用的冷藏车或配备冷藏设备的疫苗运输车在运输过程中，温度条件应符合疫苗储存要求。

二、疫苗储存、运输的监测

（1）疾病预防控制机构、接种单位、疫苗生产企业、疫苗批发企业应按以下要求对储存疫苗的温度进行监测和记录。

①应采用自动温度记录仪对普通冷库、低温冷库进行温度记录。

②应采用温度计对冰箱（包括普通冰箱、冰衬冰箱、低温冰箱）进行温度监测。温度计应分别放置在普通冰箱冷藏室及冷冻室的中间位置、冰衬冰箱的底部及接近顶盖处、低温冰箱的中间位置。每天上午和下午各进行一次温度记录。

③冷藏设施设备温度超出疫苗储存要求时，应采取相应措施并记录。

④疾病预防控制机构、疫苗生产企业、疫苗批发企业应对

运输过程中的疫苗进行温度监测并记录。记录内容包括疫苗名称、生产企业、供货（发送）单位、数量、批号及有效期、启运和到达时间、启运和到达时的疫苗储存温度和环境温度、运输过程中的温度变化、运输工具名称和接送疫苗人员签名。

（2）疾病预防控制机构、接种单位、疫苗生产企业、疫苗批发企业必须按照《中华人民共和国药典》（现行版）、《预防接种工作规范》等有关疫苗储存、运输的温度要求，做好疫苗的储存、运输工作。对未收入药典的疫苗，按照疫苗使用说明书储存和运输。

三、疫苗储存、运输的设施设备

（1）省级疾病预防控制机构、疫苗生产企业、疫苗批发企业应具备符合疫苗储存、运输温度要求的设施设备。

①用于疫苗储存的冷库，容积应与生产、经营、使用规模相适应。

②冷库应配有自动监测、调控、显示、记录温度状况以及报警的设备，备用发电机组或安装双路电路，备用制冷机组。

③用于疫苗运输的冷藏车。

④冷藏车应能自动调控、显示和记录温度状况。

（2）市区的市级、县级疾病预防控制机构应具备符合疫苗储存、运输温度要求的设施设备。

①专门用于疫苗储存的冷库或冰箱，容积应与使用规模相适应；

②冷库应配有自动监测、调控、显示、记录温度状况以及报警的设备，备用发电机组或安装双路电路，备用制冷机组；

③用于疫苗运输的冷藏车或配有冷藏设备的车辆；

④冷藏车应能自动调控、显示和记录温度状况。

（3）乡级预防保健服务机构应配备冰箱储存疫苗，使用配备冰排的冷藏箱（包）运输疫苗，并配备足够的冰排供村级接种单位领取疫苗时使用。

（4）接种单位应具备冰箱或使用配备冰排的疫苗冷藏箱（包）储存疫苗。

（5）疾病预防控制机构、疫苗生产企业、疫苗批发企业应有专人对疫苗储存、运输设施设备进行管理和维护。接种单位应对疫苗储存设备进行维护。

（6）疾病预防控制机构、接种单位、疫苗生产企业、疫苗批发企业应建立健全疫苗储存运输设施设备档案，并对疫苗储存、运输设施设备运行状况进行记录。

第七章　畜禽疫病防治

第一节　畜禽传染病的防治

一、猪传染病

(一) 仔猪大肠杆菌病

仔猪大肠杆菌病是由大肠杆菌引起的仔猪的一种消化道传染病，根据发病日龄及临床表现的差异可分为仔猪黄痢、仔猪白痢和仔猪水肿病等。

1. 流行病学

带菌母猪是主要传染源，主要通过消化道感染。仔猪黄痢发生于1周龄内仔猪，以1~3日龄多见，同窝发病率常在90%以上，病死率高。仔猪白痢多发生于10~30日龄仔猪，同窝发病率在30%~80%之间，病死率较低。仔猪水肿病主要发生于断奶后1~2周时，且多发生于生长快而肥壮的仔猪，发病率低，但病死率高。

2. 诊断要点

(1) 流行特点：仔猪黄、白痢具有特定发病日龄和窝发特点，水肿病为散发、病死率高。

(2) 临床症状与剖检变化：

①仔猪黄痢：同窝仔猪突然有1~2头仔猪表现全身衰弱，很快死亡；而后其他仔猪相继发病，拉黄色稀粪，内含凝乳小片，迅速消瘦，昏迷死亡。剖检尸体严重脱水，皮下常有水肿；胃膨胀，内有酸臭凝乳块；肠道膨胀，有多量黄色液状内容物和气体。

②仔猪白痢：病猪突然拉灰白色稀粪，病程2~7 d，能自行

康复，死亡少，但生长发育变慢。剖检尸体外表苍白、消瘦、脱水，肠黏膜有卡他性炎症变化。

③猪水肿病：病猪突然发病，感觉过敏；脸部、眼睑、结膜、齿龈等处常见明显水肿，也有的无水肿变化；体温多正常，常便秘；神经症状明显，肌肉震颤、盲目运动或转圈、共济失调、倒卧、四肢作划水状；多数在神经症状出现后几天内死亡，病死率约90%。剖检主要见胃壁和肠系膜水肿，水肿液呈胶胨状；无水肿变化者内脏出血明显，常见出血性胃肠炎。

3. 防治措施

加强产房的卫生及消毒工作，定期对母猪进行预防性投药。加强仔猪饲养管理，保证仔猪及时吃够初乳，保障产房温度，通风换气，及时补铁补硒，出生后即口服微生态制剂预防。也可进行疫苗免疫，预防仔猪黄痢，可对妊娠母猪于产前6周和2周进行两次疫苗免疫。

对仔猪黄、白痢的治疗原则是抗菌、补液、母仔兼治。仔猪发病时应立即进行全窝给药预防和治疗，常用药物有庆大霉素等。

（二）猪丹毒

1. 概念

猪丹毒是由猪丹毒杆菌引起的猪和多种动物的一种急性、热性传染病，临床上可表现为急性败血症、亚急性出现皮肤疹块以及慢性关节炎和心内膜炎等不同病型。

2. 诊断要点

（1）临床症状：临床上可分为急性败血型、亚急性疹块型和慢性型3型。

①急性型：发病突然，少数猪突然死亡。病猪高热稽留、虚弱、喜卧、厌食、结膜炎、初便秘后腹泻，有的呕吐。严重病例呼吸增快，黏膜发绀。部分病猪皮肤潮红，继而发紫。多在3~4 d内死亡。哺乳仔猪发病时常表现神经症状，多在1 d内死亡。

②亚急性型：特征是皮肤表面出现疹块。发病后 2~3 d，在肩、胸、腹、背及四肢等处皮肤出现疹块，初期充血、指压褪色，后期淤血、指压不褪。一段时间后，逐渐康复。

③慢性型：慢性关节炎表现为受害关节肿大、疼痛、变形、跛行。慢性心内膜炎表现为消瘦、衰弱、心跳加快、心律不齐、呼吸急促，有的突然死亡。部分病猪发生皮肤坏死。

（2）剖检变化：急性型以急性败血症全身变化和皮肤红斑为特征，全身淋巴结肿胀、充血和出血、切面多汁，实质器官特别是脾充血和出血，整个消化道都出现卡他性或出血性炎症。

亚急性型以皮肤疹块为特征。慢性关节炎出现关节肿胀，关节囊内含纤维素性渗出物。慢性心内膜炎常在房室瓣膜上形成花椰菜样赘生物。

3. 防治措施

免疫接种是防治本病的最重要方法。疫苗种类有灭活苗和弱毒苗，活疫苗常与猪瘟、猪肺疫结合构成二联或三联苗。免疫程序是仔猪断奶后免疫一次，以后每隔 6 个月免疫一次。发生猪丹毒时，在病初可注射大剂量青霉素，如结合抗猪丹毒血清同时应用，则疗效更佳。

二、禽传染病

（一）传染性法氏囊病

1. 概念

传染性法氏囊病是由病毒引起的雏鸡的一种急性高度接触性传染病。临床特征是突然发病、传播迅速、发病率高、病程短、病鸡严重腹泻、极度虚弱，并出现死亡。

2. 流行病学

自然感染仅于鸡，主要发生于 2~15 周龄的鸡，但以 3~6 周龄的鸡受害严重，成年鸡一般呈隐性经过。病鸡和带毒鸡是主要传染源，感染途径包括消化道、呼吸道、眼结膜等。

3. 诊断要点

（1）流行特点：传染性强、传播快、发病率高、发病急、病程短、尖峰式死亡。

（2）临床症状：潜伏期 1~3 d，病初常见个别鸡突然发病，1 d 左右即波及全群。病鸡沉郁，厌食，腹泻，严重脱水，虚弱，后期体温下降，常在发病 1~2 d 后死亡。整个鸡群死亡高峰在发病后 3~5 d，以后 2~3 d 逐渐平息，呈尖峰式死亡曲线，病死率在 30%~60%。

近年来出现了非典型传染性法氏囊病，其症状不典型，虽然死亡率低，但免疫抑制严重，危害更大。

（3）剖检变化：病死鸡脱水，某腿部和胸部肌肉出血；法氏囊初期肿胀、充血或出血，5 d 后开始萎缩，黏膜表面有点状或弥漫状出血，严重时有干酪样渗出物；腺胃和肌胃交界处出血；肾脏因尿酸盐沉积而苍白肿胀。非典型传染性法氏囊病主要是法氏囊萎缩变化。

（4）血清学诊断：主要包括琼扩试验和 ELISA 方法。

4. 防治措施

疫苗接种是预防本病的最重要措施，特别应做好种鸡的免疫，以保护雏鸡。种鸡群在 18~20 周龄和 40~42 周龄时用灭活苗经两次接种；雏鸡用弱毒苗接种，一般可在 7~10 日龄或 18~20 日龄进行。此外还必须结合综合卫生防疫措施，加强环境消毒特别是育雏室消毒，以防止早期感染。当发生本病时，可考虑用高免血清或鸡卵黄抗体治疗。

（二）禽流行性感冒

1. 概念

禽流行性感冒，简称禽流感，是由病毒引起的禽的一种呼吸道传染病。禽流感分为高致病性禽流感和低致病性禽流感两大类,在临床上引起包括从无症状感染到呼吸道疾病和产蛋下降,到死亡率接近100%的严重全身性疾病。

2. 流行病学

多种禽类,不分品种、年龄和性别,均对禽流感病毒易感,其中以鸡和火鸡的发病较为严重。禽流感病毒的某些亚型如H5亚型还可以感染人。传染源主要是病禽,其次是康复禽和隐性带毒禽,如带毒水禽和鸟类。禽流感主要通过呼吸道和消化道传播,一年四季皆可发生,但以寒冷季节多见。本病常突然发生,传播迅速,呈流行性或大流行性,而且此病还具有一定的周期性。

3. 诊断要点

(1)流行特点:寒冷季节多发、传播速度快、流行范围广、发病率高。

(2)临床症状:潜伏期3~5 d,根据临床表现可分为两大类;即高、低致病性禽流感。

①低致病性禽流感:野禽感染大多数都不产生临床症状。鸡和火鸡发病后表现为呼吸、消化、泌尿和生殖器官的异常,以轻度乃至严重的呼吸道症状最为常见。病鸡除出现精神食欲差及下痢等一般性症状外,还出现咳嗽、打喷嚏、啰音、喘鸣和流泪,产蛋鸡产蛋下降等症状。

②高致病性禽流感:此型又称鸡瘟、真性鸡瘟、欧洲鸡瘟,多见于鸡和火鸡。感染鸡常突然发病,症状严重,有些鸡突然死亡。病鸡体温升高,拒食,拉黄绿色稀粪;精神极差,呆立,闭目昏睡;头颈部水肿,鸡冠与肉髯发绀、出血,腿部皮下水肿、出血;流泪,流鼻涕,呼吸困难,不断吞咽、甩头、流涎;产蛋鸡产蛋大幅度下降或停止。后期有些病鸡出现头颈震颤、两腿瘫痪等神经症状。发病率和病死率很高,有的鸡群可达到100%。

(3)剖检变化:低致病性禽流感主要表现为呼吸道及生殖道内有较多的黏液和干酪样物,窦、气管黏膜水肿、出血或出血，输卵管和子宫质地柔软易碎。

高致病性禽流感主要表现为在皮下、黏膜、浆膜、肌肉及各内脏器官中均有广泛性出血，与新疫城相似，但出血更广泛、更严重；胰腺肿大出血、坏死；卵巢和卵子充血、出血，输卵管发炎。

（4）血清学诊断：主要是 HA、HI 试验和 ELISA。

4. 防治措施

平时要加强饲养管理，搞好卫生消毒，杜绝野鸟进入禽舍，引进禽类时要严格检疫。

控制低致病性禽流感，可使用同源病毒灭活油苗进行免疫接种来预防，产蛋鸡于 10 日龄每只皮下注射 0.3 ml，40 日龄、120 日龄时每只皮下注射 0.5 ml；商品肉鸡可于 10 日龄每只皮下注射 0.3 ml。对此病目前尚无特效治疗药物，发病时可使用抗生素类药物控制继发感染，也可使用中草药治疗，板蓝根、金银花、黄芪等对蛋鸡恢复产蛋率有一定效果。

控制高致病性禽流感，首先是严密防止引入，一旦发生则应阻止扩散，立即封锁疫区，对所有感染禽只和可疑禽只一律进行扑杀、销毁，封锁区内严格消毒等。

（三）鸡传染性支气管炎

1. 概念

鸡传染性支气管炎简称鸡传支，是由病毒所引起的鸡的一种急性、高度接触性呼吸道传染病。该病特征是病鸡咳嗽、喷嚏、气管啰音、雏鸡流鼻液，产蛋鸡群产蛋量下降和质量不好，肾病变型肾脏肿大与尿酸盐沉积。

2. 流行病学

本病主要发生于鸡，各种年龄的鸡均可发生，但雏鸡最为严重。病鸡为主要传染来源，主要通过呼吸道传播，也可经消化道传染。本病传播迅速，新感染鸡群几乎全部同时发病。

3. 诊断要点

（1）临床症状：本病的潜伏期为 36 h 或更长，其病型复杂多样，主要有呼吸型和肾型。

①呼吸型：雏鸡感染除引起精神沉郁、怕冷、减食外，主要出现呼吸道症状，表现为甩头、咳嗽、喷嚏、流鼻涕、流泪、气管啰音等。6 周龄以上的鸡，症状与雏鸡相同，但鼻腔症状退居次要地位。产蛋鸡呼吸道症状较温和，主要表现在产蛋性能变化上，产蛋量明显下降，并产软壳蛋、畸形蛋或粗壳蛋，蛋的品质变差，如蛋黄与蛋白分离、蛋白稀薄如水。

②肾型：主要发生于雏鸡，初期可有短期呼吸道症状，但随即消失，主要表现为病雏羽毛蓬乱、减食、渴欲增加、拉白色稀粪、严重脱水等，发病率高，病死率在 10%~45%。

（2）剖检变化：呼吸型剖检病变为鼻腔、喉头和气管黏膜肿胀、充血、发炎，有渗出物；气囊混浊；有的雏鸡输卵管发育异常；产蛋母鸡卵泡充血、出血、变形，卵黄性腹膜炎，有时可见输卵管退化。肾型主要见肾肿大、苍白，肾小管和输尿管尿酸盐沉积，呈"花斑肾"。

（3）血清学诊断：主要有中和试验、HI 试验和 ELISA 等。

4. 防治措施

只有在加强一般性防疫措施的基础上做好疫苗接种工作，才能防止本病的发生与流行。对于呼吸型传支，一般免疫程序为：5~7 日龄用 H120 首免，25~30 日龄用 H52 二免，种鸡在 120~140 日龄用油苗三免。对肾型传支，在 1 日龄和 15 日龄时各免疫一次。

三、牛羊传染病

（一）牛流行热

1. 概念

牛流行热是由病毒引起的牛的一种急性热性传染病。本病主要临床症状为突发高热、流泪、流涎、鼻漏、呼吸迫促、后躯强拘或跛行，多取良性经过，2~3 d即可恢复，故又名三日热或暂时热。本病对奶牛产乳量影响最大，且部分病牛常因瘫痪而被淘汰，因此危害很大。

2. 流行病学

本病主要侵害牛，以奶牛、黄牛最易感；青壮年牛（1~8岁）多发，犊牛及9岁以上牛少发。膘情较好的牛发病时病情较重，母牛尤以怀孕母牛的发病率高于公牛，产奶量高的奶牛发病率也高。病牛是主要传染源，主要通过吸血昆虫（蚊、蝇、蠓）叮咬而传播。本病发生具有明显季节性（蚊蝇多的季节）和周期性，3~5年流行一次。

3. 诊断要点

（1）流行特点：高温季节多发，大群发生、传播迅速、病程短促、发病率高而病死率低。

（2）临床症状：突然高热（40℃以上），持续2~3 d后降至正常。病牛精神萎靡，厌食或绝食，呼吸急促，反刍停止，眼结膜炎、流泪、畏光，流鼻涕，流涎，便秘或腹泻。有的病牛四肢关节浮肿、疼痛、呆立、跛行。泌乳牛产乳量急剧下降或停乳，妊娠母牛可发生流产、死胎。多数病牛取良性经过，死亡率一般在1%以下，但部分病例常因长期瘫痪而遭淘汰。

（3）剖检变化：单纯性急性病例无特征性病变。急性死亡的自然病例，可见明显的肺间质气肿，肺高度膨隆，间质增宽，内有气泡，压之呈捻发音。有些病例呈现肺充血或肺水肿。

4. 防治措施

加强饲养管理，消灭蚊蝇，在流行季节到来之前及时用疫苗进行免疫接种，可有效预防本病。发病时在初期可根据情况酌用退热药及强心药，停食时间长的可适当补充生理盐水和葡萄糖溶液，并使用抗生素或磺胺类药物来防止继发感染。

（二）牛传染性鼻气管炎

1. 概念

牛传染性鼻气管炎是由一种疱疹病毒引起的急性热性传染病，又称"坏死性鼻炎""红鼻病"。本病在临床上以呼吸道黏膜炎症、呼吸困难为特征。此外，还可引起结膜炎、脑膜脑炎等多种病型。

2. 流行病学

本病主要感染牛，以肉用牛多见，特别是 20~60 d 的犊牛最易感，其次是奶牛。病牛和带毒牛是其主要传染源，主要通过呼吸道、交配、胎盘传播。本病多发生于寒冷季节。

3. 诊断要点

（1）临床症状：潜伏期一般为 4~6 d。本病有多种病型，其中以呼吸道型最常见。呼吸道型主要表现为病初高热，病牛精神萎靡，厌食，呼吸急促，咳嗽；流涎、鼻漏，鼻黏膜充血、浅溃疡，鼻镜充血、潮红而称为"红鼻病"；有时还出现结膜炎。此外还有生殖道型、脑炎型、眼炎型、流产型。

（2）剖检变化：呼吸道型时，呼吸道黏膜高度发炎，有浅溃疡，其上覆有黏液脓性渗出物，并可波及到咽喉、气管，甚至出现化脓性肺炎。生殖道型可见局部黏膜形成小的脓疱。

（3）血清学诊断：主要有中和试验与 ELISA 方法。

4. 防治措施

加强饲养管理和检疫，在疫区和受威胁区可使用疫苗免疫接种来预防本病。发病时应立即隔离病牛，用抗生素防止细菌继发感染，并配合对症治疗来减少死亡。

（三）牛传染性胸膜肺炎

1. 概念

牛传染性胸膜肺炎又称牛肺疫，是一种对牛危害严重的接触性呼吸道传染病。受害器官主要是肺、胸膜和胸部淋巴结，以浆液渗出性纤维素性胸膜肺炎为特征。

2. 流行病学

在自然条件下主要侵害牛，以 3~7 岁多发。病牛和带菌牛为本病的主要传染来源，主要通过呼吸道感染，也可经消化道或生殖道感染。本病常年都有发生，但以冬春两季多发。

3. 诊断要点

（1）临床症状：潜伏期一般为 2~4 周，可分为急性、慢性。

①急性型：病初高热稽留，有鼻漏，呼吸极度困难，呈腹式呼吸，喜站立。后期心机能衰弱，前胸下部及颈垂水肿，食欲丧失，泌乳停止，便秘或腹泻。病死率高达 50%。

②慢性型：病牛消瘦，不时发生痛性短咳，消化机能紊乱，食欲反复无常。

（2）剖检变化：特征性病变在肺脏和胸腔。肺损害常限于一侧，不同阶段病变不一。初期以小叶性肺炎为特征。中期呈纤维素性胸膜肺炎，肺肿大变硬，呈紫红色、灰白色等，切面呈大理石状，病肺与胸膜粘连。末期肺部病灶形成有包囊的坏死灶或病灶全部瘢痕化。

（3）血清学诊断：主要有补体结合试验、ELISA 和被动血凝试验等。

4. 防治措施

我国已宣布消灭了此病，但应警惕再次传入。一旦发现该病，应及时果断采取扑灭措施，防止疫情扩散。疫区和受威胁区牛群可进行牛肺疫兔化弱毒菌苗预防注射。

（四）羊梭菌性疾病

概念

羊梭菌性疾病是由多种梭状芽孢杆菌引起的羊的一组急性传染病，包括羊快疫、羊猝击、羊肠毒血症、羊黑疫、羔羊痢疾等，其特点是发病快、病程短、死亡率高、对养羊业危害很大。

1. 羊快疫

羊快疫是由腐败梭菌引起的，以真胃出血性炎症为特征。

（1）流行病学。本病主要发生于绵羊，尤其是 6~18 月龄绵羊；山羊也可感染，但发病较少。本病主要通过消化道感染，在气候骤变、寒冷多雨季节多发，呈地方流行性。

（2）诊断要点。

①临床症状：突然发病，病羊往往来不及出现症状就突然死亡。有的病羊离群独处，卧地、不愿走动，虚弱，运动失调；有的表现腹痛、腹胀，排粪困难、拉黑色稀粪；体温表现不一，有的正常，有的高热。病羊最后极度衰竭、昏迷，数分钟至数小时内死亡。

②剖检变化：尸体迅速腐败膨胀，可见黏膜出血呈暗紫色，特征病变是真胃、十二指肠黏膜有出血性、坏死性炎症。

（3）防治措施。加强饲养管理，防止受寒感冒，避免采食冰冻饲料。在常发地区每年可定期注射羊快疫—猝狙—肠毒血症三联苗或羊快疫—猝狙—肠毒血症—羔羊痢疾—黑疫五联苗。发病后隔离病羊，对病程较长的用青霉素等治疗；对未发病的羊转移放牧，同时用菌苗紧急接种。

2. 羊猝击

羊猝击是由 C 型魏氏梭菌引起的一种毒血症，以急性死亡、腹膜炎、溃疡性肠炎为特征。

（1）流行病学。本病发生于成年绵羊，以 1~2 岁绵羊多发，常流行于低洼、沼泽地区，主要通过消化道感染，多发生于冬春季节，常呈地方流行性。

（2）诊断要点。

①临床症状：病程短促，常未见到症状，病羊就突然死亡。有时发现病羊掉群、卧地，表现不安、虚弱和痉挛，在数小时内死亡。

②剖检变化：十二指肠和空肠黏膜严重出血、糜烂和溃疡，心包、胸腔、腹腔大量积液，浆膜上有小点出血。特征变化是

死亡 3 h 后骨骼肌气肿和出血。

（3）防治措施。可参照羊快疫的防治措施实行。

3. 羊肠毒血症

羊肠毒血症是由 D 型魏氏梭菌引起的一种毒血症，又称软肾病、类快疫。临床特征为腹泻、惊厥、麻痹和突然死亡，死后肾脏多软化如泥。

（1）流行病学。本病多发生于绵羊，2~12 月龄绵羊最易发病，发病的羊多为膘情较好的。其主要通过消化道感染，呈散发性，多发生于春夏之交抢青时和秋季草籽成熟时。

（2）诊断要点。

①临床症状：突然发作，常在出现症状后很快死亡，体温一般正常。临床上分为两种类型：一类以抽搐为特征，在倒毙前出现四肢强烈划动、肌肉颤搐、眼球转动、流涎、磨牙等症状，随后头颈显著抽搐，多在 4 h 内死亡；另一类以昏迷和安静死亡为特征，病程较缓。

②剖检变化：肠黏膜充血、出血，心包、胸腔、腹腔有多量渗出液且易凝固，浆膜出血，肺脏出血、水肿，肝胆肿大。特征病变为肾脏软化如泥，易碎烂。

（3）防治措施。加强饲养管理，春夏之交避免抢青、抢茬，秋季避免吃过多草籽，精、粗、青料要搭配合理。在常发地区定期注射羊梭菌病三联苗或五联苗。发病后隔离病羊，对病程较长的进行治疗；对尚未发病的羊只转移到高燥地区饲养，同时用疫苗紧急接种。

4. 羊黑疫

羊黑疫又名传染性坏死性肝炎，是由 B 型诺维氏梭菌引起的一种毒血症，特征是肝实质坏死。

（1）流行病学。本病常发生于 1 岁以上绵羊，以 2~4 岁的肥胖绵羊多发，山羊和牛也可感染。主要通过消化道感染，多发生于春夏有肝片吸虫流行的低洼潮湿地区。

（2）诊断要点。

①临床症状：病程急促，多数病羊常未见症状就已死亡。少数病羊病程可延长至 1~2 d，病羊高热、虚弱、掉群、不食、流涎、呼吸困难，呈俯卧昏睡状态死亡。

②剖检变化：皮下静脉显著充血，皮肤呈暗黑色外观（故名黑疫）；胸部皮下组织水肿，心包、胸腔、腹腔大量积液；真胃幽门部和小肠充血、出血。特征病变为肝脏充血肿胀，表面有若干个直径可达 2~3 cm 的灰黄色不规则坏死灶，其周围常被一鲜红色充血带围绕。

（3）防治措施。首先要控制肝片吸虫的感染，用五联苗进行预防接种。发生本病时应将羊群移牧于高燥地区，同时对病羊用抗诺维氏梭菌血清治疗。

5. 羔羊痢疾

羔羊痢疾是由 B 型魏氏梭菌引起的初生羔羊的一种毒血症，以剧烈腹泻和小肠溃疡为特征。

（1）流行病学。本病主要发生于 7 日龄内羔羊，尤以 2~3 日龄羔羊发病最多，7 日龄以上羔羊很少发生。主要通过消化道感染，也可通过脐带和创伤感染。

（2）诊断要点。

①临床症状：潜伏期为 1~2 d。病初患畜精神不好，低头拱背，不吃奶，不久腹泻、呈黄绿色或灰白色。后期拉血便并含有黏液和气泡，严重脱水，病羔逐渐虚弱，卧地不起，若不及时治疗则常在 1~2 d 内死亡。有的病羔主要表现神经症状，即四肢瘫软、卧地不起、呼吸急促、口吐白沫，最后昏迷，头向后仰，体温下降至常温以下，常在数小时至十几小时内死亡。

②剖检变化：特征性病变在消化道，真胃内有未消化的凝乳块；小肠特别是回肠黏膜充血发红，常可见到直径为 1~2 mm 的溃疡，其周围有一出血带环绕，肠内容物呈红色。

（3）防治措施。加强饲养管理，增强孕羊体质，产羔季节注意保暖，及时给羔羊哺以新鲜清洁的初乳。每年秋季注射羔羊痢疾菌苗或羊梭菌病五联苗，产前 2~3 周再接种一次。发病羔羊可用土霉素、磺胺类等药物治疗，同时也可采取止泻、补液等措施。

第二节　畜禽寄生虫病的防治

一、猪寄生虫病

（一）棘头虫病

猪棘头虫病是蛭型巨吻棘头虫寄生于猪的小肠内引起的疾病，也可寄生于野猪、犬和猫，偶见人。我国各地普遍流行。

1. 流行病学

该病呈地方流行，天津、辽东半岛、北京都有发生。流行区感染率高达 60%~80%。其主要原因有：虫体的繁殖力强；虫卵对外界各种不良因素抵抗力很强；中间宿主的种类多，并有生活在粪堆的习性；放养猪并且猪有拱土的习性。

每年春季即甲虫活动季节感染，到秋末发病。甲虫幼虫多在 12~15 cm 深的泥土中，仔猪拱土能力差，故感染率低。以 8~10 个月龄猪和放牧的猪最易感染。

2. 诊断与防治

（1）诊断：临床症状可见下痢、带血、并伴有剧烈腹痛。另可根据流行病学资料和在粪便中发现虫卵进行确诊。因其虫卵相对密度较大，粪便检查应采用直接涂片或水洗沉淀法。

（2）治疗：治疗可试用左咪唑和丙硫苯咪唑。

（3）预防：流行区对病猪驱虫；粪便进行生物热处理；圈养猪，不可诱捕金龟子供猪食用；猪场内不宜开夜灯，以免招引甲虫；人类避免食入生肉或未熟肉。

（二）弓形虫病

弓形虫病是一种世界性分布的人畜共患原虫病，被列为二类疫病。人和 200 多种动物都可感染此病。目前我国几乎各省市均证实有本病的存在。各种家畜中以猪的感染率较高，死亡率高达 60% 以上。因此本病对人畜健康和畜牧业的危害较大。

1. 流行病学

弓形虫广泛分布于世界各地，人、畜感染弓形虫的现象非常普遍，但多数为隐性感染。猫是主要传染源，还有带有包囊的肉、内脏和含速殖子的血液以及各种分泌物或排泄物也是重要的传染源。另外，卵囊可被某些食粪甲虫机械性地传播。中间宿主范围非常广泛，人、畜、禽以及许多野生动物都易感染。实验动物中以小白鼠、地鼠最敏感。感染途径以经口感染为主，还可经皮肤和黏膜感染，亦可经胎盘感染胎儿，引起流产或胎儿畸形。

2. 诊断与防治

（1）诊断：猪弓形虫的临床症状、剖检变化和很多疾病相似，为了确诊需采用病原学检查和血清学诊断。发病初期可用磺胺类药物，若与抗菌增效剂合用则疗效更好。

（2）预防：圈舍保持清洁，定期消毒，以杀灭土壤和各种物体上的卵囊；防止猫及其排泄物污染畜舍、饲料和饮水等；控制和消灭老鼠；屠宰后的废弃物不可直接用来喂猪，需煮熟后利用；饲养员也要避免与猫接触；家畜流产的胎儿及其一切排泄物，包括流产现场均需严格处置；对可疑病尸亦应严格处理，防止污染环境；避免人体感染；肉食品要充分煮熟；儿童和孕妇不宜与猫接触；猫是本虫的唯一终末宿主，必须加强家猫的饲养管理，不喂生肉，其粪便作无害化处理。

二、禽寄生虫病

球虫病是危害畜牧业的重要疫病之一，分布极为广泛，家畜中多种动物均发生球虫病，其中以鸡、兔、牛、猪和鸭的球虫病危害较大，尤其是幼龄动物，可引起大批死亡。各种家畜都有其专性寄生的球虫，不相互感染。在兽医学上重要的有 5 个属，即艾美尔属、等孢属、泰泽属、温扬属和隐孢属。北京鸭的球虫病主要由毁灭泰泽球虫和菲莱氏温扬球虫混合感染所致。兔球虫均属艾美尔属，有 14 种球虫，除斯氏艾美尔球虫寄生于胆管上皮细胞外，其余各种都寄生于肠上皮细胞内，多混合感染。牛球虫有 10 余种，其中以邱氏艾美尔球虫和牛艾美尔球虫致病力较强。仔猪球虫病主要是由猪等孢球虫引起。

1. 流行病学

鸡球虫病在温热潮湿条件下易暴发，季节性不明显，只要温湿度等条件适宜，冬季也发病；4~6 周龄鸡常发，但是如果从来没有接触卵囊的成年鸡也得；世界性广泛流行，流行广泛的原因为卵囊抵抗力强，繁殖率高和传播途径简单。凡被带虫鸡的粪便污染的饲料、饮水、土壤及用具等都有卵囊存在。其他种动物、昆虫、野鸟和尘埃以及管理人员，都可成为球虫病的机械传播者。再加上鸡舍潮湿、拥挤、饲养管理不当或卫生条件恶劣时极易暴发此病。

2. 诊断

几乎所有的鸡场都可以发现卵囊，见到卵囊未必就是球虫病。要综合流行病学、临床症状、病理剖检和病原学检查。急性期查裂殖体和裂殖子，用肠黏膜刮取物抹片镜检。慢性期查卵囊，做粪便卵囊 OPG。OPG：每 1 g 粪便中所含卵囊的数量（常用于球虫）。EPG：每 1 g 粪便中所含虫卵的数量（用于除球虫外的其他虫卵的计数，如线虫卵等）。

3. 防治

（1）治疗：鸡场一旦暴发球虫病，应立即进行药物治疗。常用药物有氯丙啉、百球清、碘胺氯吡嗪（三字球虫粉）等。

（2）预防：药物预防应从雏鸡出壳后第 1 天即开始用药，

直至其上市前 10 天左右停药。可选药物有氨丙啉、尼卡巴嗪、球痢灵、克球多、氯苯胍、马杜拉霉素、拉沙里菌素、盐霉素和莫能菌素等。各种抗球虫药在使用一段时间后都会产生抗药性，可以采用穿梭用药和轮换用药的方法延缓其抗药性。

疫苗免疫预防，最好使用弱毒株。免疫进行得越早越好，最好 1 日龄就免上（1~7 日龄）。免疫时需经口逐只免疫，避免漏免发生。免疫后一般不用抗球虫药，特殊情况下，如发现鸡只血便较严重，可在饲料中添加用于生殖阶段后期的药物，如氨丙啉，喂 2~3 d 即可。免疫后 1 周查 OPG，如粪便中有卵囊则说明免疫成功。

三、牛羊寄生虫病

（一）莫尼茨绦虫病

1. 流行病学

莫尼茨绦虫病是由扩展莫尼茨绦虫和贝氏莫尼茨绦虫寄生于牛、羊、骆驼等反刍动物小肠而引起的疾病。该病是反刍动物最主要的寄生蠕虫病之一，分布广泛，多呈地方性流行。该病主要危害羔羊和犊牛，影响幼畜生长发育，重者可致死亡。另外，除了莫尼茨绦虫，寄生于反刍动物的还有曲子宫绦虫和无卵黄腺绦虫，三者常混合寄生。因为后两种绦虫致病作用较轻，所以这里重点介绍莫尼茨绦虫病。

2. 诊断与防治

（1）诊断：在患羊粪球表面有黄白色的孕节，形似煮熟的米粒。将孕节作涂片检查，可见大量灰白色、形状各异的特征性虫卵。用饱和盐水浮集法检查粪便时，也可发现虫卵。再结合临床症状和流行病学资料分析便可确诊。注意与羊鼻蝇蛆病和脑包虫病区分，因这几种病都有"转圈"的神经症状，可用粪检虫卵和观察羊鼻腔来区别。

治疗药物有硫双二氯酚、氯硝柳胺（灭绦灵）、丙硫咪唑、吡喹酮和甲苯咪唑等。

（2）预防：流行区从羔羊开始放牧算起，到第 30~35d 之间，进行成熟前驱虫，过 5~10 d 再作 1 次驱虫；成年牛、羊可能是带虫者，也要驱虫；驱虫之后对粪便作无害化处理；驱虫后转移到清洁牧场放牧或与单蹄兽轮牧；消除或减少地螨污染程度，改造牧场，如深翻后改种三叶草，或农牧轮作；避免在低洼湿地放牧，避免在清晨、黄昏或雨天地蛾活跃时放牧，以减少感染机会。

（二）棘球蚴病

棘球蚴病又称包虫病，是一类重要的人兽共患寄生虫病，被列为国家重点防治的二类疫病。棘球蚴病是棘球绦虫的中绦期幼虫寄生于牛、羊、猪、人及其他多种野生动物的肝、肺或其他器官而引起的疾病。成虫均寄生于犬科动物的小肠，种类较多。我国有两种：细粒棘球绦虫和多房棘球绦虫。由这两种绦虫的中绦期幼虫引起的棘球蚴病分别称为细粒棘球蚴病和多房棘球蚴病。前者多见于牛、羊、猪等家畜及人类；后者则以啮齿类动物为主，也包括人。这里以细粒棘球蚴病为例介绍。

1. 流行病学

细粒棘球蚴分布广泛，牧区最多。我国以新疆最为严重，绵羊感染率达 50%~80%。

犬、狼、狐等肉食动物是散布虫卵的主要来源。特别是牧羊犬与人和羊均密切接触，极易引起本病的流行。终末宿主体内的虫卵污染草原以及人类的饮食和生活环境，均可造成家畜和人感染棘球蚴病。当人屠杀牲畜时，往往随意丢弃感染棘球蚴的内脏或以其饲养犬，又导致犬、狼等动物感染绦虫病，这就造成了本病的恶性循环。

2. 诊断与防治

（1）诊断：动物生前诊断困难，剖检时才可发现。结合流行病学、临床症状及免疫学方法可初步诊断。另外可配合 X 线、CT 检查，检出率较高。

治疗药物有丙硫咪唑、吡喹酮。人棘球蚴可用外科手术摘除。

（2）预防：对犬进行定期驱虫，常用药物有吡喹酮、甲苯咪唑、氢溴酸槟榔碱；驱虫后特别应注意犬粪便的无害化处理，防止病原的扩散；病畜的脏器不得随意喂犬，必须经过无害化处理；保持畜舍、饲草、饲料和饮水卫生，防止粪便污染；人与犬、狐等动物接触或加工其皮毛时，应注意个人卫生，防止误食虫卵。

第三节　畜禽产科病的防治

一、围产期胎儿死亡诊治

产期胎儿死亡是指产出过程中及其前后不久（产后不超过1d）胎儿所发生的死亡。出生时即已死亡者称为死胎，这种胎儿的肺脏放在水中下沉。围产期胎儿死亡主要见于猪和牛。猪随着胎次的增多（3 胎以后）及胎儿的过多或过少，在 100 头小猪中有 2~6 头死亡；牛胎儿围产期死亡可达 5%~15%，并常见于头胎及雄性胎儿。

（一）诊断要点

1. 传染性疾病引起

传染性疾病引起的胎儿死亡，因母畜的症状及诊断方法随原发病而异，见传染病学有关部分。

2. 非传染性疾病引起

胎儿死亡如非传染性疾病引起的，必须参考病因（如营养缺乏、矿物质缺乏、饲草中雌激素含量过高等）分析。

3. 出生过程中死亡

出生过程中死亡的胎儿是由于 CO_2 分压升高、O_2 分压低，而缺氧窒息。宫内窒息可诱发肠蠕动和肛门括约肌松弛，因而胎粪排出于胎水中，且可导致吸入羊水。因此，在羊水中和呼吸道内发现胎粪，是胎儿窒息的一种标志。未死的幸免仔猪或其他仔畜，其生活能力降低，肌肉松弛，有的不能站起，没有吮乳反射，有的昏迷不醒，终于死亡。

（二）治疗方法

1. 传染性疾病引起

因传染病引起的死亡，须根据所患疾病对母畜进行防治。

2. 非传染性疾病引起

对因非传染性疾病引起的胎儿死亡，应按病因改善母畜的饲养管理和营养，对可救活的胎儿应进行抢救。为了防止猪胎儿死亡，可以采取引产措施。

二、牛羊妊娠毒血症诊治

牛羊妊娠毒血症是牛羊在妊娠末期由于碳水化合物和脂肪酸代谢障碍而发生的一种以低血糖、酮血症、酮尿症、虚弱和失明为主要特征的亚急性代谢病。牛急性妊娠毒血症多随分娩或分娩后 3 d 发生。

（一）诊断要点

主要临床表现为精神沉郁、食欲减退、运动失调、呆滞凝视、卧地不起，甚而昏睡等。

血液检查低血糖和高血酮、血液总蛋白减少。血浆游离脂肪酸增多。尿丙酮呈强阳性反应，嗜酸性白细胞减少。疾病后期，有时可发展为高血糖。肝脏有颗粒变性及坏死。肾脏亦有类似病变。肾上腺肿大，皮质变脆，呈土黄色。

根据临床症状、营养状况、饲养管理方式、妊娠阶段、血尿检验以及尸体剖验，即可做出诊断。

（二）治疗方法

1. 牛妊娠毒血症

本病的治疗原则为抑制脂肪分解，减少脂肪酸在肝中的积存，加速脂肪的利用，防止并发酮病，其原则是解毒、保肝、补糖。同时加强管理，供应平衡日粮，定期补糖、补钙，建立酮体监测制度，及时配种。

（1）加强饲养管理。

①补充50%葡萄糖液，500~1 000 ml，静脉注射。

②50%右旋糖酐，初次用量1 500 ml，一次静脉注射，以后改为500 ml，2~3次/d。

③尼克酰胺（烟酸），12~15 g，一次内服，连服3~5 d。其作用是抗解脂作用和抑制酮体的生成。

④氯化胆碱或硫酸钴，100 g，内服。

⑤丙二醇，170~342 g，2次口服，连服10 d，喂前静脉注射50%左旋糖酐500 ml，效果更好。

（2）防止酸中毒和继发感染。

①防止酸中毒，用5%碳酸氢钠500~1 000 ml，一次静脉注射。

②为防止继发感染，可使用广谱抗生素金霉素或四环素治疗。

2. 羊妊娠毒血症

为了保护肝脏机能和供给机体所必需的糖原，可用10%葡萄糖150~200 ml，加入维生素C 0.5g，静脉输入。同时还可肌注大剂量的维生素B_1。有资料报道在用糖和皮质类激素治疗时宜用小剂量多次注射，若一次性大剂量注射有时会导致早产或流产。出现酸中毒症状时，可静脉注射5%碳酸氢钠溶液30~50 ml。此外，还可使用促进脂肪代谢的药物，如肌醇注射液，也可同时注射维生素C。

无论应用哪一种方法治疗，如果治疗效果不显著，则建议施行剖腹产或人工引产；娩出胎儿后，症状多随之减轻。但已卧地不起的病羊，即使引产，也预后不良。在患病早期，治疗的同时改善饲养管理，可以防止病情进一步发展，甚至使病情迅速缓解。增加碳水化合物饲料的数量，如块根饲料、优质青干草，并给以葡萄糖、蔗糖或甘油等含糖物质，对治疗此病有良好的辅助作用。

第八章 畜禽的规模化经营管理

第一节 畜禽场经营管理的主要内容

一、畜禽场的技术管理

（一）优良品种的选择

我国畜禽养殖历史悠久，畜禽的品种资源比较丰富，并培养了许多新品种、新品系。另外，还从国外引进了许多优良畜禽品种。选择适应性强、市场容量大、生长速度快、饲料转化率高的优良品种，对提高生产水平，取得好的经济效益有十分重要的作用。

（二）饲料全价化

饲料成本在养殖生产中约占总成本的 70%。因此，必须根据畜禽的不同生物学阶段的营养需要，合理配制日粮，提高饲料利用率，降低饲料费用，这是饲养管理的中心工作之一。

（三）设备标准化

现代化畜禽养殖业的特点是高效、高产、低耗，把良种、饲料、机械、环境、防疫、管理等因素有机地辩证统一起来。因此，必须利用先进的机械，提高集约化生产水平，取得较高的经济效益。实践证明：利用先进的机械可以大幅度提高劳动生产率，节约饲料成本，减少饲料浪费，提高畜禽的生产性能，并有利于防疫，减少疾病发生，提高成活率。对畜禽舍内环境条件进行人工控制，如通风换气、喷雾降温、控制光照等，将有力地促进养殖水平的提高，取得更好的经济效益。

（四）管理科学化

畜禽场特别是现代化的大型畜禽场，是由许多人协作劳动和进行社会化的生产。对内都是一系列复杂的经济活动和生产技术活动，必须合理组织和管理。在建场时，就需对养殖场类型、饲养规模、饲养方式、投资额、饲料供应、技术力量、供销、市场情况等进行深入调查，进行可行性分析，然后做出决策。投产后需抓好生产技术管理、财务管理、人员管理和加强经济核算，协调对外的一系列经济关系等，使管理科学化。

（五）防疫规范化

畜禽场一般采用集约化饲养，受疫病的威胁比较严重。因此，要在加强饲养管理的基础上严格消毒防疫制度，采用"全进全出"的饲养方式，制订科学合理的免疫程序，严防传染性疾病的发生。

（六）技术档案管理系统化

畜禽生产过程中每天所做的每项工作都应该有详细记录，而且，记录要按照类型进行分类整理和存档。这些技术档案能够为生产和经营提供科学的参考依据。

二、畜禽场的人员管理

在畜禽场管理中应高度重视人的因素的重要性，重视人力投资的重要性，把企业经营管理特别是劳动管理的重心真正放在"人"的身上。表现在建立岗位责任制和劳动定额等方面。以养禽业为例对这两方面进行介绍。

（一）建立岗位责任制

在畜禽场的生产管理中，要使每一项生产工作都有人去做，并按期做好，使每个职工各得其所，能够充分发挥主观能动性和聪明才智，需要建立联产计酬的岗位责任制。

根据各地实践，对饲养员的承包实行岗位责任制大体有如下几种方法：

（1）全承包法。饲养员停发工资及一切其他收入。每只禽按入舍计算交蛋，超出部分全部归己。育成禽、淘汰禽、饲料、禽蛋都按场内价格记账结算，经营销售由场部组织进行。

（2）超产提成承包法。这种承包方法首先保证饲养员的基本生活费收入，因为养禽生产风险很大，如鸡受到严重传染病侵袭，饲养员也无能为力。承包指标为平均先进指标，要经过很大努力才能超额完成。奖罚的比例也是合适的，奖多罚少。这种承包方法各种禽场都可以采用。

（3）有限奖励承包法。有些养禽场为防止饲养员因承包超产收入过高，可以采用按百分比奖励方法。

（4）计件工资法养禽场有很多工种可以执行计件工资制。生产人员生产出产品，获取相应的报酬。销售人员取消工资，按销售额提成。只要指标制定恰当，就能激发工作的积极性。

（5）目标责任制。现代化养禽企业高度机械化和自动化，生产效率很高，工资水平也很高，在这种情况下采用目标责任制，按是否完成生产目标来决定薪酬。这种制度适用于私有现代化养禽企业。

建立了岗位责任制，还要通过各项记录资料的统计分析，不断进行检查，用计分方法科学计算出每一职工、每一部门、每一生产环节的工作成绩和完成任务的情况，并以此作为考核成绩及计算奖罚的依据。

（二）制定劳动定额

关于养禽场工作人员的劳动定额，应根据集约化养禽的机械化水平、管理因素、所有制形式、个人劳动报酬和各地区收入差异、劳动资源等综合因素进行考虑。

（1）影响劳动定额的因素。①集约化程度。大型养禽场集约化程度高，专业化程度高，有利于提高劳动效率。②机械化程度。机械化主要减轻了饲养员的劳动强度。因此，机械化程度有利于提高劳动定额。③管理因素。管理科学，效率高。

（2）劳动定额。以鸡场为例来说明，表 8-1 所列鸡场各项劳动定额，在制定本场的劳动定额时可供参考。

表 8-1　鸡场劳动定额表

工种	内容	定额/（只/人）	工作条件
肉种鸡育雏育成	平养；一次清粪	1 800~3 000	饲料到舍，供水自动，人工取暖，或集中取暖
肉种鸡育雏育成	笼养；经常清粪，人工取暖	1 800~3 000	饲料到舍，供水自动，人工取暖，或集中取暖
肉种鸡	笼养；全部手工操作，人工输精	3 000	手工供料，自动供水
蛋鸡 1~49 日龄	四层笼养	3 000	自动饮水，人工饲喂，清粪
育成鸡 50~140 日龄	三层育成笼；饲喂、清粪	6 000	自动饮水，人工饲喂，清粪
一段育成 1~140 日龄	笼养；平面网上	6 000	自动饮水，机械喂料，刮粪
蛋鸡	笼养；机械喂饲、手工捡蛋	5 000~10 000	粪场位于 200 m 以内，自动供水，机械饲喂，刮粪
蛋种鸡	笼养（祖代减半）；饲喂、人工授精	2 000~2 500	乳头自动饮水
孵化	孵化操作与雌雄鉴别，注射疫苗，清粪	3 万~4 万	粪由笼下人工刮出来运走，粪场 200 m 以内

三、畜禽场日常管理

（一）经常性检测各项生产环境指标

畜禽舍内的温度、湿度、通风和光照应满足畜禽不同饲养阶段的需求，饲养密度要适宜，保证畜禽有充足的空间，以降低禽群发生疾病的机会。只有畜禽舍内温度适宜、通风良好、光照适当、密度适中才能使畜禽健康地生长发育。饲养人员要定时检查这些方面的舍内环境条件，发现问题，及时做出调整，避免环境应激。还需要定期检测舍内空气中的微生物的种类和数量，对舍内环境质量进行定期监测。

（二）推广"全进全出"的饲养制度

舍内饲养同一批畜禽，便于统一饲喂、光照、防疫等措施的实施，提高群体生产水平，前一批出栏后，留 2~4 周的时间打扫消毒禽舍，可切断病源的循环感染，使疫病减少，死亡率降低，畜禽舍的利用率也高。另外，畜禽舍要有防鼠、防虫、防蝇等设施。

（三）卫生管理制度执行要严格

饲养员要穿工作服，并固定饲养员和各项工作程序。与生产无关的人员谢绝进入禽场生产区，饲养人员和技术人员入场前要经过洗澡间洗浴，之后消毒。入舍前要在场门口的消毒池内浸泡靴子，上料前要洗手。饲养人员不得随便串舍。严禁各舍间串用工具。

（四）保持环境安静

观察禽群健康状态，保持环境安静，减少应激的产生。

（五）减少饲料浪费

饲料要满足禽群的营养需要，减少饲料浪费。按照不同畜禽不同时期的饲养标准，在饲养时科学配制饲料，用尽可能少的饲粮全面满足其营养需要，既能使畜禽健康正常，也能充分发挥生产性能，以取得良好的经济效益。饲料费用占养殖总支出的 60%~70%，节约饲料能明显提高养畜禽场的经济效益。

（六）做好生产记录

做好生产记录包括每天畜禽的数量变动情况（存栏、销售、死亡、淘汰、转入等）、饲料消耗情况（每个畜禽舍每天的总耗料量、平均每只的耗料量、饲料类型、饲料更换等情况）、畜禽的生产性能（产蛋量、产蛋率、种蛋合格率、种蛋受精率、平均体重、增重耗料比、蛋料比等)、疫苗和药物使用情况、气候环境变化情况、值班工作人员的签名。

第二节　畜禽的生产成本及盈亏平衡分析

畜禽养殖场的生产目的是通过向社会提供畜禽类产品而获得利润。无论哪一个养殖场，首先要做到能够保本，即通过销售产品能保证抵偿成本。只有保住成本，才能为获得利润打好基础。所以要经常根据生产资料和生产水平了解产品的成本，算出全场盈亏和效益的高低。生产成本分析就是把养殖场为生产产品所发生的各项费用，按用途、产品进行汇总、分配，计算出产品的实际总成本和单位产品成本的过程。本节以养禽场为例介绍畜禽的生产成本及进行盈亏平衡分析。

一、畜禽生产成本的构成

畜禽生产成本一般分为固定成本和可变成本两大类。

(一) 固定成本

固定成本由固定资产 (养禽企业的房屋、禽舍、饲养设备、运输工具、动力机械、生活设施、研究设备等) 折旧费、基建贷款利息等组成，在会计账面上称为固定资金。特点是使用期长，以完整的实物形态参加多次生产过程，并可以保持其固有物质形态。随着养禽生产不断进行，其价值逐渐转入到禽产品中，并以折旧费用方式支付。固定成本除上述设备折旧费用外，还包括利息、工资、管理费用等。固定成本费用必须按时支付，即使禽场不养禽，只要这个企业还存在，都得按时支付。

(二) 可变成本

可变成本是养禽场在生产和流通过程中使用的资金，也称为流动资金，可变成本以货币表示。其特点是仅参加一次养禽生产过程即被全部消耗，价值全部转移到禽产品中。可变成本包括饲料、兽药、疫苗、燃料、能源、临时工工资等支出。它随生产规模、产品产量而变化。

在成本核算账目计入中，以下几项必须记入账中：工资、饲料费用、兽医防疫费、能源费、固定资产折旧费、种禽摊销费、低值易耗品费、管理费、销售费、利息。

通过成本分析可以看出，提高养禽企业的经营业绩的效果，除了市场价格这一不由企业决定的因素外，成本则应完全由企业控制。从规模化集约化养禽的生产实践看，首先应降低固定资产折旧费，尽量提高饲料费用在总成本中所占比重，提高每只禽的产蛋量、活重和降低死亡率。其次是降低料蛋价格比、料肉价格比控制总成本。

二、生产成本支出项目的内容

根据畜禽生产特点，禽产品成本支出项目的内容，按生产费用的经济性质，分直接生产费用和间接生产费用两大类。

（一）直接生产费用

即直接为生产禽产品所支付的开支。具体项目如下：

1. 工资和福利费

指直接从事养禽生产人员的工资、津贴、奖金、福利等。

2. 疫病防治费

指用于禽疾病防治的疫苗、药品、消毒剂和检疫费、专家咨询费等。

3. 饲料费

指禽场各类禽在生产过程中实际耗用的自产和外购的各种饲料原料、预混料、饲料添加剂和全价配合饲料等的费用，自产饲料一般按生产成本（含种植成本和加工成本）进行计算，外购的按买价加运费计算。

4. 种禽摊销费

指生产每千克蛋或每千克活重所分摊的种禽费用。

种禽摊销费（元/kg）=（种禽原值−种禽残值）/禽只产蛋重

5. 固定资产修理费

是为保持禽舍和专用设备的完好所发生的一切维修费用，一般占年折旧费的 5%~10%。

6. 固定资产折旧费

指禽舍和专用机械设备的折旧费。房屋等建筑物一般按10~15 年折旧，禽场专用设备一般按 5~8 年折旧。

7. 燃料及动力费

指直接用于养禽生产的燃料、动力和水电费等，这些费用按实际支出的数额计算。

8. 低值易耗品费用

指低价值的工具、材料、劳保用品等易耗品的费用。

9. 其他直接费用

凡不能列入上述各项而实际已经消耗的直接费用。

（二）间接生产费用

即间接为禽产品生产或提供劳务而发生的各种费用。包括经营管理人员的工资、福利费；经营中的办公费、差旅费、运输费；季节性、修理期间的停工损失等。这些费用不能直接计入某种禽产品中，而需要采取一定的标准和方法，在养禽场内各产品之间进行分摊。

除了上两项费用外，禽产品成本还包括期间费。所谓期间费就是养禽场为组织生产经营活动发生的、不能直接归属于某种禽产品的费用。包括企业管理费、财务费和销售费用。企业管理费、销售费是指禽场为组织管理生产经营、销售活动所发生的各种费用。包括非直接生产人员的工资、办公、差旅费和各种税金、产品运输费、产品包装费、广告费等。财务费主要是贷款利息、银行及其他金融机构的手续费等。按照我国新的会计制度，期间费用不能进入成本，但是养禽场为了便于各禽群的成本核算，便于横向比较，都把各种费用列入来计算单位产品的成本。

以上项目的费用，构成禽场的生产成本。计算禽场成本就是按照成本项目进行的。产品成本项目可以反映企业产品成本的结构，通过分析考核找出降低成本的途径。

三、生产成本的计算方法

生产成本的计算是以一定的产品对象，归集、分配和计算各种物料的消耗及各种费用的过程。养禽场生产成本的计算对象一般为种蛋、种雏、肉仔禽和商品蛋等。

（一）种蛋生产成本的计算

每枚种蛋成本＝（种蛋生产费用－副产品价值）/入舍种禽出售种蛋数。种蛋生产费为每只入舍种禽自入舍至淘汰期间的所有费用之和，包括种禽育成费、饲料、人工、房舍与设备折旧、水电费、医药费、管理费、低值易耗品等。副产品价值包括期内淘汰禽、期末淘汰禽、禽粪等的收入。

（二）种雏生产成本的计算

种雏只成本＝（种蛋费＋孵化生产费－副产品价值）/出售种雏数。孵化生产费包括种蛋采购费、孵化生产过程的全部费用和各种摊销费、雌雄鉴别费、疫苗注射费、雏禽发运费、销售费等。副产品价值主要是未受精蛋、毛蛋和公雏等的收入。

（三）雏禽、育成禽生产成本的计算

雏禽、育成禽的生产成本按平均每只每日饲养雏禽、育成禽费用计算。

雏禽（育成禽）饲养只日成本＝（期内全部饲养费-副产品价值）/期内饲养只日数。期内饲养只日数＝期初只数×本期饲养日数+期内转入只数×自转入至期末日数-死淘禽只数×死淘日至期末日数。期内全部饲养费用是上述所列生产成本核算内容中9项费用之和，副产品价值是指禽粪、淘汰禽等项收入。雏禽（育成禽）饲养只日成本直接反映饲养管理的水平。饲养管理水平越高，饲养只日成本就越低。

（四）肉仔鸡生产成本的计算

每千克肉仔鸡成本＝（肉仔鸡生产费用-副产品价值）/出栏肉仔鸡总重（kg）

每只肉仔鸡成本＝（肉仔鸡生产费用-副产品价值）/出栏肉仔鸡只数

肉仔鸡生产费用包括入舍雏鸡鸡苗费与整个饲养期其他各项费用之和，副产品价值主要是鸡粪收入。

（五）商品蛋生产成本的计算

每千克禽蛋成本＝（蛋禽生产费用-副产品价值）/入舍母禽总产蛋量（kg）蛋禽生产费用指每只入舍母禽自入舍至淘汰期间的所有费用之和。

主要参考文献

黄永强. 2017. 畜禽养殖及疫病防治新技术 [M]. 北京：中国农业出版社.

李春来. 2016. 畜禽养殖技术汇编 [M]. 兰州：甘肃文化出版社.

薛立喜. 2016. 畜禽养殖技术 [M]. 北京：知识产权出版社.